CB136991

VETORES E GEOMETRIA ANALÍTICA

CONSELHO EDITORIAL

André Costa e Silva

Cecilia Consolo

Dijon de Moraes Eduardo Blucher

Jarbas Vargas Nascimento

Luis Barbosa Cortez

Marco Aurélio Cremasco

Rogerio Lerner

Tuanny Maciel

VETORES E GEOMETRIA ANALÍTICA

Do seu jeito

Vetores e geometria analítica: do seu jeito
©2022 Tuanny Maciel
Editora Edgard Blucher Ltda.

Publisher Edgard Blücher

Editor Eduardo Blücher

Coordenação editorial Jonatas Eliakim

Produção editorial Ariana Corrêa

Revisão de texto Maurício Katayama

Capa Leandro Cunha

Imagem da capa iStockphoto

Blucher

Rua Pedroso Alvarenga, 1245, 4ºandar
04531-934 São Paulo SP Brasil
Tel 55 11 3078-5366
contato@blucher.com.br
www.blucher.com.br

Segundo Novo Acordo Ortográfico, conforme 6. ed. do *Vocabulário Ortográfico da Língua Portuguesa*, Academia Brasileira de Letras, 21 de julho de 2021.

É proibida a reprodução total ou parcial por quaisquer meios, sem autorização escrita da Editora.

Todos os direitos reservados pela Editora Edgard Blücher Ltda.

Dados Internacionais de Catalogação na Publicação (CIP) Angélica Ilacqua CRB-8/7057

Maciel, Tuanny

Vetores e geometria analítica : do seu jeito / Tuanny Maciel. – São Paulo: Blucher, 2022.

128 p.: il.

Bibliografia

ISBN 978-65-5506-400-1 (impresso)

1. Geometria analítica 2. Cálculo vetorial I. Título.

22-5490 CDD 516

Índice para catálogo sistemático:

1. Geometria analítica

Apresentação

A ideia deste livro surgiu a partir do reconhecimento da necessidade dos alunos em encontrar um material que tivesse uma linguagem acessível e de fácil compreensão sobre uma das primeiras disciplinas vistas nos cursos de graduação das áreas de exatas e tecnologia, a Geometria Analítica (também chamada de Cálculo Vetorial e Geometria Analítica, ou simplesmente Cálculo Vetorial).

Por muitas vezes os alunos se deparam com materiais que possuem uma linguagem mais técnica e com isso acabam se distanciando da leitura de livros, sejam físicos ou em versões e-book. Em *Vetores e Geometria Analítica do seu jeito*, material elaborado especialmente para o aluno, ele poderá encontrar perguntas com as quais muitas vezes se depara na resolução de questões e acabam sendo entraves para a continuidade da resolução e até mesmo na continuidade da disciplina.

Aqui foi proposto um modelo de leitura baseando-se na apresentação da teoria de forma mais acessível ao aluno, e em perguntas e respostas que servirão de base para solucionar questões dos assuntos abordados, buscando sempre escrever em uma linguagem menos formal e de fácil compreensão, que possa motivar o interesse do aluno pela disciplina.

O material é dividido em cinco capítulos, a saber: Vetores, Produto entre vetores, A reta, O plano e Cônicas e, além disso, traz uma apêndice sobre quádricas. Em cada capítulo o aluno encontrará, além do que já foi citado, exercícios resolvidos e exercícios propostos.

Espero que este material possa contribuir para aprendizagem dos alunos, bem como melhorar o interesse pela matemática.

Agradeço a cada amigo e aluno que se dispôs a fazer a leitura do texto e contribuir para a melhoria deste material; sem eles este livro não seria o mesmo.

Tuanny Maciel

Conteúdo

Capítulo 1

Vetores

Neste capítulo apresentaremos um elemento de fundamental importância para o nosso estudo: *o vetor*. Estaremos interessados em definir o que entenderemos por um vetor, bem como apresentar propriedades e operações entre vetores, seja de forma geométrica ou algébrica.

1.1 Vetores

1.1.1 Definição

Vale a pena iniciar nossa discussão a partir do conceito de grandeza física, que pode ser entendida como alguma propriedade que se pode medir em um fenômeno físico. Por exemplo, se estamos estudando o movimento em determinado sistema, podemos medir propriedades como o tempo, comprimento ou a massa. Estas últimas propriedades podem ser medidas quantitativamente e cada uma dessas propriedades mensuráveis é chamada de grandeza física.

Por sua vez, algumas dessas propriedades podem ser definidas completamente a partir de um número e de uma unidade de medida: a essas tais chamamos *grandezas escalares*. A definição completa de outras grandezas depende da apresentação do número, da unidade de medida e de uma orientação para a grandeza; a essas tais nós chamamos *grandezas vetoriais*.

O tempo, a área, o volume e a temperatura são alguns exemplos de grandezas escalares. Por outro lado, velocidade, aceleração e força são exemplos de grandezas vetoriais. Estaremos interessados no estudo de vetores, que são grandezas vetoriais. Antes de definir o que entenderemos por um vetor, apresentaremos algumas definições.

Definição 1. Sejam dois pontos A e B arbitrários, que determinam uma reta r. Chamamos de segmento, e denotamos por $\overline{AB}$, ao conjunto de pontos da reta r compreendidos entre os pontos A e B.

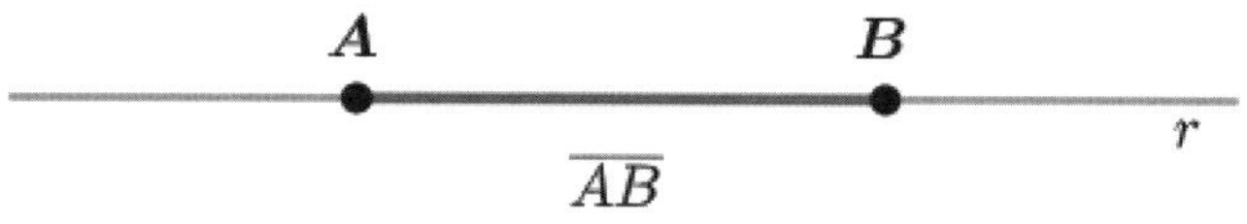

Figura 1.1: Segmento de reta

Observação: Os segmentos $\overline{AB}$ e $\overline{BA}$ são iguais; já que, por definição, representam o mesmo conjunto de pontos.

Estabeleceremos aqui a definição de um *segmento orientado*.

Definição 2. Sejam dois pontos A e B arbitrários, que determinam uma reta r. Definimos um segmento de reta orientado, ou apenas segmento orientado, $\overrightarrow{AB}$, como sendo o segmento que tem como ponto inicial o ponto A e como ponto final o ponto B. Note que estamos estabelecendo os pontos onde começa e termina o segmento. Com isto, estamos dando uma orientação ao segmento.

Observação: Note que os segmentos orientados $\overrightarrow{AB} \neq \overrightarrow{BA}$.

Agora já conseguimos identificar segmentos que têm mesma direção e também comparar a orientação de segmentos orientados, isto é, comparar o sentido dos segmentos.

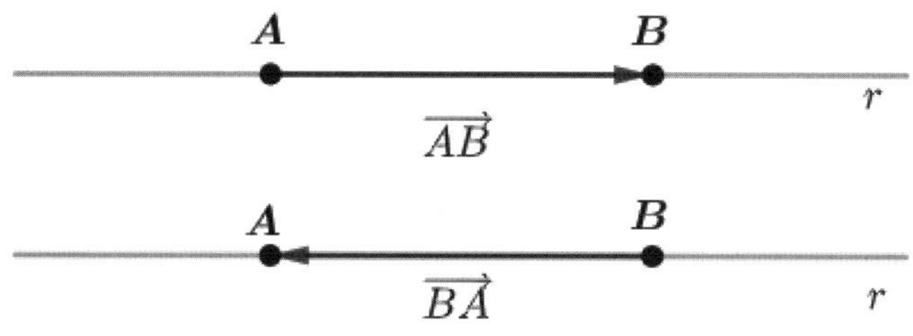

Figura 1.2: Segmento de reta orientado

Vale salientar que a comparação só será possível se tais segmentos tiverem a mesma direção; caso contrário, não seria cabível a comparação entre o sentido dos segmentos orientados.

Observe os segmentos orientados abaixo:

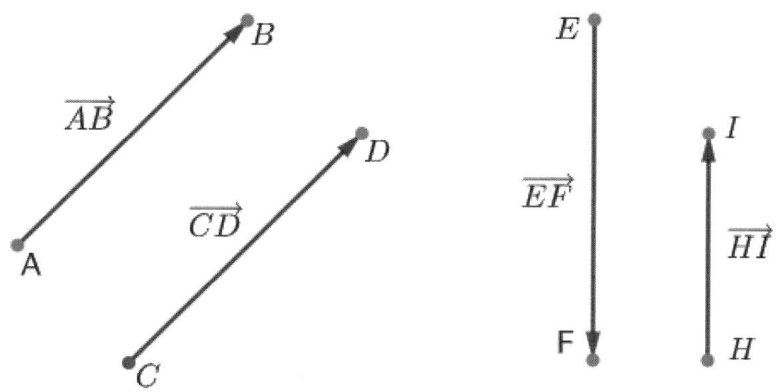

Figura 1.3: Segmento orientados

Percebemos que:

- $\overrightarrow{AB}$ e $\overrightarrow{CD}$ têm a mesma direção e o mesmo sentido;
- $\overrightarrow{EF}$ e $\overrightarrow{HI}$ têm a mesma direção, porém sentidos contrários;
- $\overrightarrow{AB}$ e $\overrightarrow{EF}$ não têm a mesma direção, e assim não podemos comparar os sentidos.

Além da direção e do sentido, também é possível analisar o comprimento (módulo ou norma) de cada segmento. Por exemplo, $\overrightarrow{AB}$ e $\overrightarrow{CD}$ têm o mesmo comprimento, e denotaremos $|\overrightarrow{AB}| = |\overrightarrow{CD}|$

Definição 3. Segmentos orientados que têm mesma direção, mesmo sentido e mesmo comprimento são chamados de *segmentos equipolentes*.

Os segmentos $\overrightarrow{AB}$ e $\overrightarrow{CD}$ são exemplos de segmentos equipolentes. Representamos por: $\overrightarrow{AB} \sim \overrightarrow{CD}$.

Observe que, a partir da relação de equipolência, podemos construir infinitos segmentos equipolentes a um dado segmento orientado. Visto que precisamos apenas preservar direção, sentido e comprimento. Na figura a seguir, temos que, dado o segmento orientado $\overrightarrow{AB}$, os segmentos $\overrightarrow{EF}$, $\overrightarrow{CD}$ e $\overrightarrow{MN}$ são todos equipolentes a $\overrightarrow{AB}$.

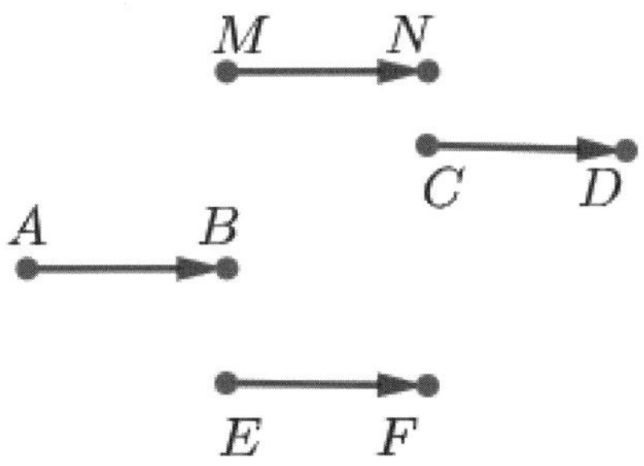

Figura 1.4: Segmento equipolentes

Com esta ideia em mente, podemos escolher uma entidade que representa o conjunto de todos os segmentos equipolentes ao segmento orientado $\overrightarrow{AB}$. Essa entidade é o que chamamos **vetor** e representamos por $\vec{u}$. É importante ressaltar que um vetor não representa um conjunto de pontos específico, mas sim uma classe de segmentos orientados equipolentes a um dado segmento. Conforme o exemplo que acabamos de ver, o vetor $\vec{u}$ representa a classe de vetores equipolentes ao segmento $\overrightarrow{AB}$. E ainda, chamamos atenção para a ideia de que um vetor é o mesmo em qualquer lugar do espaço, desde que preserve direção, sentido e comprimento.[1][2] E, assim, definimos

$$\boxed{\vec{u} = \overrightarrow{AB} = B - A}$$

onde A é o ponto inicial e B é o ponto final do segmento.

Observação: Teremos um **vetor nulo**, $\vec{0}$, no caso de segmentos nulos (isto é, quando o ponto final e inicial coincidem), e um vetor $\vec{u}$ será considerado **vetor unitário** quando a norma (módulo ou comprimento) dele for igual a um, isto é, $|\vec{u}| = 1$.[3]

1.2 Operações com vetores

Será que podemos efetuar operações com vetores? A resposta é sim. Tais operações com vetores podem ser representadas na forma geométrica ou na forma algébrica.

Os vetores são elementos pertencentes a espaços vetoriais[4], que, por sua vez, são munidos das operações adição e produto (multiplicação) por um escalar, satisfazendo oito propriedades. Sendo assim, é possível realizar as operações *adição* e *produto por um escalar*.

E, além disso, poderemos definir relações que permitam estabelecer produto entre vetores, a saber, o produto interno ou produto escalar, o produto vetorial e o produto misto.

1.2.1 Adição entre vetores

Abordaremos aqui, de forma geométrica, a adição entre vetores. Para isto, suponhamos dois vetores $\vec{u} = \overrightarrow{AB}$ e $\vec{v} = \overrightarrow{BC}$.

O *vetor soma* $\vec{u} + \vec{v}$ será dado pelo vetor $\overrightarrow{AC}$, que foi obtido ao "ligarmos" o ponto onde começa (origem) do vetor $\overrightarrow{BC}$ ao ponto onde termina (extremidade) do vetor $\overrightarrow{AB}$,

[1]Em geral, denotamos vetores por letras minúsculas.

[2]Daí surge a ideia de vetor livre, pois na verdade o que estamos fazendo é procurar segmentos equipolentes a um dado segmento orientado.

[3]Também é usual encontrar a notação $\|\ \|$.

[4]Será abordado no curso de álgebra linear

e, após isso, traçar-se o vetor a partir da origem de $\overrightarrow{AB}$ até a extremidade de $\overrightarrow{BC}$[5], como mostra a figura a seguir:

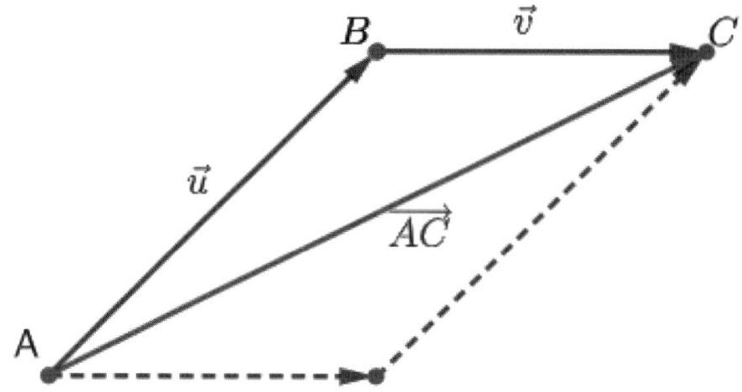

Figura 1.5: Vetor soma

Note que poderíamos representar geometricamente representantes dos vetores $\vec{u}$ e $\vec{v}$, e ainda obter que o vetor soma $\vec{v} + \vec{u}$ é igual ao vetor $\vec{u} + \vec{v}$. De forma semelhante ao que conhecemos no estudo das operações com números reais, espera-se encontrar certas "regularidades" (ou seja, propriedades) nas operações com vetores. E é através da validade das propriedades que será possível operar com os vetores. Para isso, considerando vetores $\vec{u}$, $\vec{v}$ e $\vec{w}$ quaisquer, temos:

S.1 $\vec{u} + \vec{v} = \vec{v} + \vec{u}$; **(Comutatividade)**

S.2 $(\vec{u} + \vec{v}) + \vec{w} = \vec{u} + (\vec{v} + \vec{w}) = \vec{v} + (\vec{u} + \vec{w})$. **(Associatividade)**

S.3 $\vec{u} + \vec{0} = \vec{0} + \vec{u} = \vec{u}$; **(Elemento neutro)**

S.4 $\vec{u} + (\vec{-u}) = \vec{-u} + \vec{u} = \vec{0}$; **(Elemento inverso)**

Com a ideia construída no paralelogramo acima conseguiremos, graficamente, demonstrar tais propriedades.

Observação: Na Figura 1.5, dados dois vetores $\vec{u}$ e $\vec{v}$, definimos o vetor soma como $\vec{w} = \vec{u} + \vec{v}$. É natural nos perguntarmos se aconteceria $|\vec{w}| = |\vec{u}| + |\vec{v}|$, isto é, se a norma

[5]Esse processo é conhecido como regra do paralelogramo.

(comprimento ou módulo) do vetor soma é dado como a soma dos módulos dos vetores $\vec{u}$ e $\vec{v}$. Para responder esse questionamento, observamos a figura:

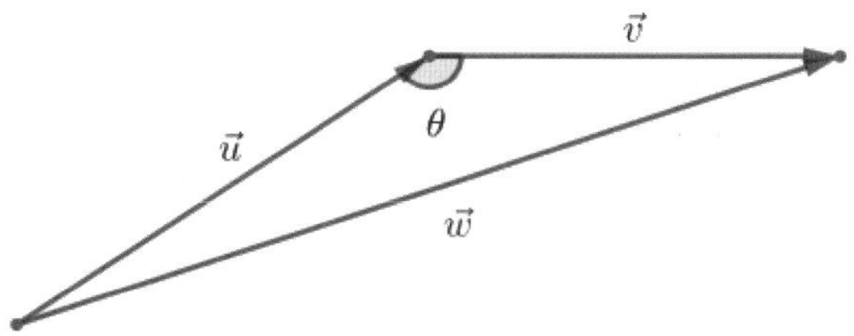

Figura 1.6: Lei dos cossenos

Utilizando a *lei dos cossenos* no triângulo, temos:

$$|\vec{w}|^2 = |\vec{u}|^2 + |\vec{v}|^2 - 2|\vec{u}||\vec{v}|\cos\theta,$$

onde θ é ângulo[6] entre $\vec{u}$ e $\vec{v}$.

Assim, o que podemos afirmar é que:

$$|\vec{w}| = \sqrt{|\vec{u}|^2 + |\vec{v}|^2 - 2|\vec{u}||\vec{v}|\cos\theta}.$$

Ou seja, não podemos afirmar que $|\vec{w}| = |\vec{u}| + |\vec{v}|$.

1.2.2 Produto por um escalar

Discutiremos aqui outra operação que se pode realizar com vetores: produto de um escalar por um vetor – que é o mesmo que falar em multiplicação de um número por um vetor.

Definiremos o *produto por um escalar* como o vetor que é obtido através da multiplicação de um número $\lambda \in \mathbb{R}$ por um dado vetor $\vec{u}$. E denotaremos por $\lambda\vec{u}$.

[6]Entende-se por ângulo a menor região delimitada por duas semi-retas de mesma origem.

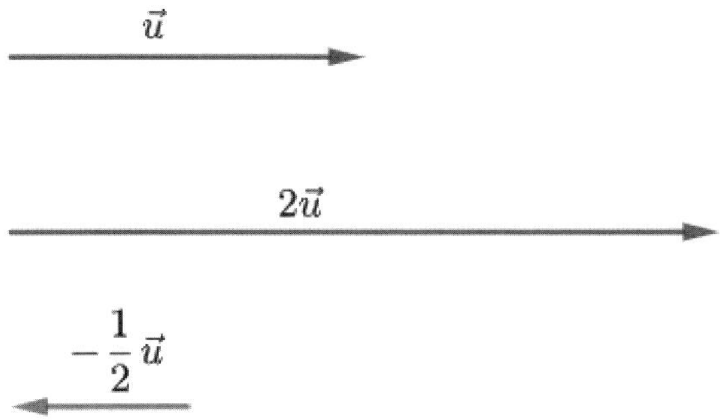

Figura 1.7: Vetor produto por escalar

Com o auxílio da figura acima, observe que a direção do vetor $\lambda\vec{u}$ será a mesma do vetor $\vec{u}$. E o sentido dependerá do valor de λ; se $\lambda > 0$, o sentido permanecerá o mesmo do vetor $\vec{u}$, enquanto que, se $\lambda < 0$, teremos sentido oposto do vetor $\vec{u}$. Além disso, o comprimento (módulo) do vetor $\lambda\vec{u}$ será definido como $|\lambda\vec{u}| = |\lambda||\vec{u}|$.[7] E no caso em que $\lambda = 0$ teremos um vetor nulo.

Dados dois vetores quaisquer $\vec{u}$, $\vec{v} \in \mathbb{V}$, e três escalares α, β e $\lambda \in \mathbb{R}$[8], são válidas as seguintes propriedades:

P.1 $(\alpha\beta)\vec{u} = \alpha(\beta\vec{u})$;

P.2 $\alpha(\vec{u} + \vec{v}) = \alpha\vec{u} + \alpha\vec{v}$;

P.3 $(\alpha + \beta)\vec{u} = \alpha\vec{u} + \beta\vec{u}$;

P.4 $1\,\vec{u} = \vec{u}\,1 = \vec{u}$.

No exemplo a seguir, disponível em [1], trabalharemos com as ideias expostas nas seções anteriores.

[7]Note que, apesar de estarmos utilizando a mesma notação para indicar o comprimento de λ e $\vec{v}$, um representa o comprimento de um número e o outro de um vetor, que são conceitos diferentes. É comum encontrar na literatura a representação || || para representar módulo de um vetor.

[8]Aqui, $\mathbb{V}$ é um conjunto de vetores e $\mathbb{R}$ é o conjunto dos números reais.

Exemplo 1. Expresse o segmento $\overrightarrow{CX}$ em função do segmento $\overrightarrow{CB}$, sabendo que, na figura a seguir, a medida de $\overrightarrow{AX}$ é a metade da medida do segmento $\overrightarrow{XB}$.

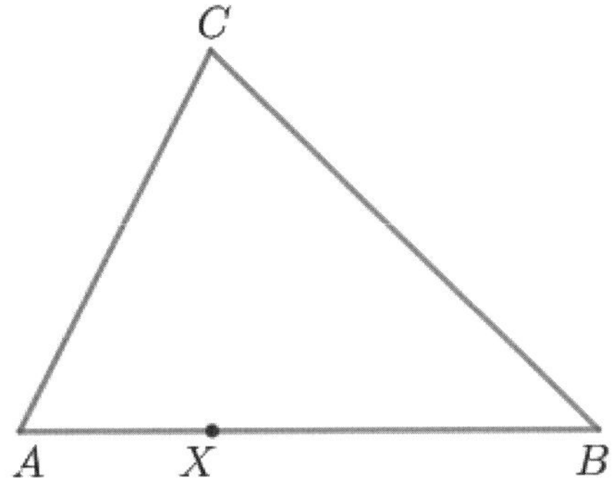

Figura 1.8

Solução: *Do enunciado temos que* $\overrightarrow{AX} = \frac{1}{2}\overrightarrow{XB}$ *. E o que queremos é escrever* $\overrightarrow{CX}$ *utilizando os vetores* $\overrightarrow{CA}$ *e* $\overrightarrow{CB}$*.*

Observando a figura acima, $\overrightarrow{AX} = \overrightarrow{AC} + \overrightarrow{CX}$*, ou ainda* $\overrightarrow{AX} = \overrightarrow{CX} - \overrightarrow{CA}$*.*

Por outro lado, podemos escrever $\overrightarrow{XB} = \overrightarrow{XC} + \overrightarrow{CB} = \overrightarrow{CB} - \overrightarrow{CX}$*.*

Daí,

$$\overrightarrow{AX} = \frac{1}{2}\overrightarrow{XB}$$

$$\overrightarrow{CX} - \overrightarrow{CA} = \frac{1}{2}\overrightarrow{CB} - \frac{1}{2}\overrightarrow{CX}$$

$$\overrightarrow{CX} + \frac{1}{2}\overrightarrow{CX} = \overrightarrow{CA} + \frac{1}{2}\overrightarrow{CB}$$

$$\frac{3}{2}\overrightarrow{CX} = \overrightarrow{CA} + \frac{1}{2}\overrightarrow{CB},$$

e assim:

$$\boxed{\overrightarrow{CX} = \frac{2}{3}\overrightarrow{CA} + \frac{1}{3}\overrightarrow{CB}.}$$

Exemplo 2. Prove que $\frac{\vec{u}}{|\vec{u}|}$, chamado de *versor* de $\vec{u}$, é um vetor unitário, com a mesma direção e sentido do vetor $\vec{u}$.

Solução: *Seja* $\vec{v} = \frac{\vec{u}}{|\vec{u}|}$, *é fácil perceber que o vetor* $\vec{v}$ *tem mesma direção e mesmo sentido do vetor* $\vec{u}$. *Agora queremos mostrar que* $\vec{v}$ *é unitário, ou seja, que* $|\vec{v}| = 1$. *Observe que*

$$|\vec{v}| = \left|\frac{\vec{u}}{|\vec{u}|}\right| = \frac{|\vec{u}|}{|\vec{u}|} = 1.$$

Portanto, é um vetor unitário.

1.3 Dependência linear

Nesta seção estaremos interessados em estabelecer condições para que possamos trabalhar com vetores de forma algébrica. Para isso é necessário apresentar algumas definições.

Definição 4. Um vetor $\vec{u}$ é dito uma *combinação linear* dos vetores $\vec{u_1}$, $\vec{u_2}$, ..., $\vec{u_n}$, se existirem números reais a_1, a_2, ..., a_n tais que possibilite escrever o vetor $\vec{u}$ como:

$$\vec{u} = a_1\vec{u_1} + a_2\vec{u_2} + \ldots + a_n\vec{u_n}.$$

No exemplo 1, da seção anterior, dizemos que $\overrightarrow{CX}$ foi escrito como uma combinação linear dos vetores $\overrightarrow{CA}$ e $\overrightarrow{CB}$. De outra maneira, poderíamos dizer que existe uma dependência linear entre eles.

Definição 5. Sejam os vetores $\vec{u_1}$, $\vec{u_2}$, ..., $\vec{u_n}$. Diremos que eles são *linearmente dependentes* [L.D], se for possível representar algum deles como a combinação linear dos demais vetores na lista de vetores apresentada. Caso contrário, eles serão ditos *linearmente independentes* [L.I].

Novamente no exemplo citado, os vetores $\overrightarrow{CX}$, $\overrightarrow{CA}$ e $\overrightarrow{CB}$ seriam linearmente dependentes, pois foi possível encontrar escalares $a = \frac{2}{3}$ e $b = \frac{1}{3}$, tal que

$$\overrightarrow{CX} = \frac{2}{3}\overrightarrow{CA} + \frac{1}{3}\overrightarrow{CB}.$$

Definição 6. Se os vetores do conjunto $\{\vec{u}_1, \vec{u}_2, \ldots \vec{u}_n\}$ forem linearmente independentes, então tais vetores formarão uma *base* para o espaço vetorial formado por esse conjunto de vetores[9]. Podemos ainda caracterizar a base de um espaço vetorial como *ortogonal* ou como *ortonormal*. Quando os vetores da base são, dois a dois, perpendiculares entre si, dizemos que a base é ortogonal. Quando, além de ortogonais, os vetores da base são unitários, dizemos que tal base é ortonormal

Um outro modo de verificarmos que os vetores $\vec{u_1}$, $\vec{u_2}$, ..., $\vec{u_n}$ são linearmente independentes (L.I) é verificar se a combinação linear

$$a_1\vec{u_1} + a_2\vec{u_2} + \ldots + a_n\vec{u_n} = 0,$$

terá solução única $a_1 = a_2 = \ldots = a_n = 0$. Sendo possível encontrar um escalar diferente de zero, os vetores já serão linearmente dependentes (L. D).

Estabelecidas as definições acima, podemos tratar os vetores em termos de suas coordenadas. Para simplificar, pensaremos nosso espaço como sendo o $\mathbb{R}^3$.

Para o $\mathbb{R}^3$, temos que os vetores $\vec{i} = (1, 0, 0)$, $\vec{j} = (0, 1, 0)$ e $\vec{k} = (0, 0, 1)$ formam um base ortogonal, isto é, o ângulo formado entre eles é um ângulo reto. Percebe-se claramente que $\{\vec{i}, \vec{j}, \vec{k}\}$ formam uma base ortonormal, pois, além de formarem, dois a dois, um ângulo reto, os vetores $\vec{i}$, $\vec{j}$ e $\vec{k}$ são unitários.

[9]A definição de espaço vetorial com um maior formalismo será vista na disciplina de Álgebra Linear. Por enquanto, basta entender um espaço vetorial como um conjunto de vetores que pertencem a esse espaço, e uma base para o espaço vetorial como o conjunto de vetores L.I. capazes de gerar, a partir de uma combinação linear dos vetores dessa base, qualquer outro vetor que pertence ao espaço vetorial.

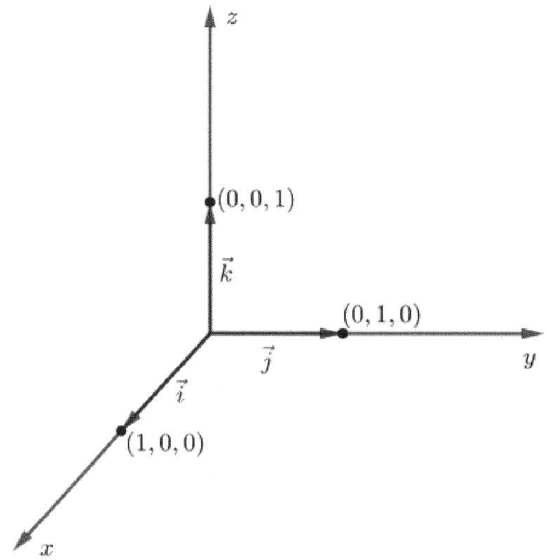

Figura 1.9: Base ortonormal

Além disso, como o conjunto $\{\vec{i},\ \vec{j},\ \vec{k}\}$ forma uma base para o $\mathbb{R}^3$, qualquer vetor $\vec{v} \in \mathbb{R}^3$ poderá ser representado a partir dos vetores $\vec{i}$, $\vec{j}$ e $\vec{k}$. E, por isso, denominamos $\{\vec{i},\ \vec{j},\ \vec{k}\}$ como a *base canônica* do $\mathbb{R}^3$. Assim podemos escrever qualquer vetor $\vec{v} = x\vec{i} + y\vec{j} + z\vec{k}$, de forma simplificada, como $\vec{v} = (x, y, z)$.

Observação: Processo análogo pode ser construído para o $\mathbb{R}^2$.

Agora iremos trabalhar e operar com vetores em coordenadas.

Para começarmos,

- **Considerando dois pontos** $A(x_1, y_1, z_1)$ **e** $B(x_2, y_2, z_2)$**, como determinar um vetor** $\vec{v} = \overrightarrow{AB}$?

Já sabemos que o vetor $\vec{v} = \overrightarrow{AB} = B - A$, onde A é a origem e B é a extremidade do vetor. Assim, a partir das coordenadas dos pontos A e B, temos:

$$\vec{v} = \overrightarrow{AB} = B - A = (x_2 - x_1, y_2 - y_1, z_2 - z_1).$$

Mostramos como trabalhar com as operações adição e multiplicação por um escalar de forma geométrica em seções anteriores. Veremos como tais operações se comportam com vetores dados em coordenadas.

- **Se tivermos dois vetores $\vec{u} = (a, b, c)$ e $\vec{v} = (d, e, f)$, como definir o vetor soma $\vec{u} + \vec{v}$?**

Se estamos representando vetores em termos de suas coordenadas, temos que seguir as regras de trabalhar com pares ou ternos coordenados, por exemplo. Desse modo, o vetor soma $\vec{u} + \vec{v}$ será definido somando coordenada a coordenada. Assim:

$$\vec{u} + \vec{v} = (a + d, b + e, c + f).$$

- **E como definir o vetor $\lambda\vec{u}$, com $\lambda \in \mathbb{R}$?**

Como $\lambda \in \mathbb{R}$, e supondo que $\vec{u} = (a, b, c)$, define-se:

$$\lambda\vec{u} = \lambda(a, b, c) = (\lambda a, \lambda b, \lambda c).$$

Apresentaremos algebricamente outros conceitos, como distância entre pontos, módulo de um vetor e ponto médio entre vetores. Consideremos dois pontos $A(x_1, y_1, z_1)$ e $B(x_2, y_2, z_2) \in \mathbb{R}^3$. Observe a Figura 1.10:

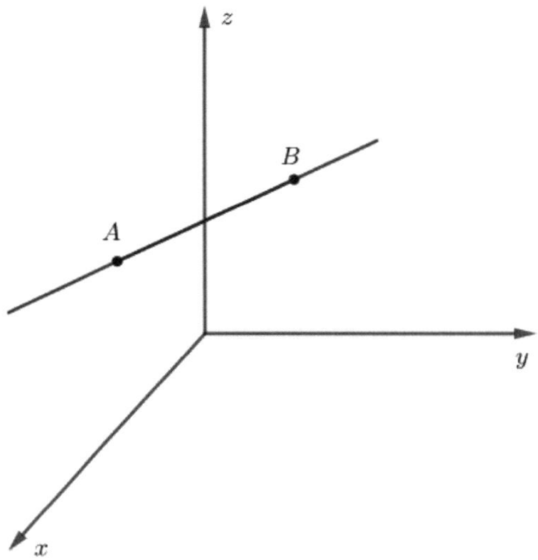

Figura 1.10: Distância entre dois pontos

- **Como determinar a distância, d, entre os pontos A e B?**

Estabeleceremos que a distância, $d(A, B)$, entre os pontos será dada por:

$$d(A, B) = \sqrt{(x_2 - x_1)^2 + (y_2 - y_1)^2 + (z_2 - z_1)^2}.$$

Para facilitar, pense como pontos do $\mathbb{R}^2$, e utilize o teorema de Pitágoras.

- **Sendo um vetor $\vec{v} = (a, b, c)$, como calcular o módulo do vetor $|\vec{v}|$?**

Note que a ideia é a mesma que construímos na pergunta anterior, visto que um vetor pode ser definido por dois pontos. Logo,

$$|\vec{v}| = \sqrt{a^2 + b^2 + c^2}.$$

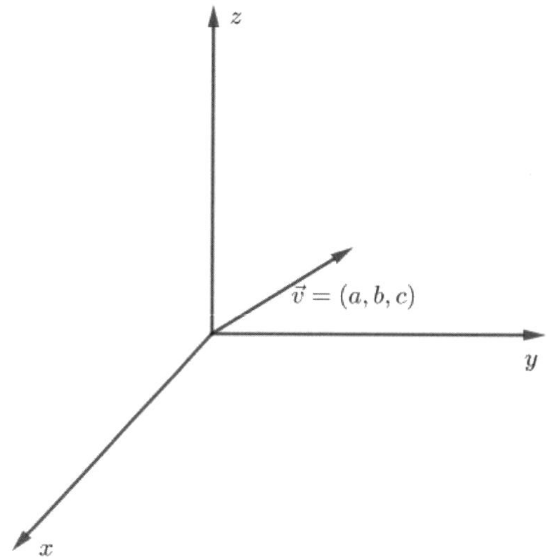

Figura 1.11: Módulo de um vetor

- **Como encontrar as coordenadas de um ponto médio, M, do segmento $\overline{AB}$?**

Observe a figura

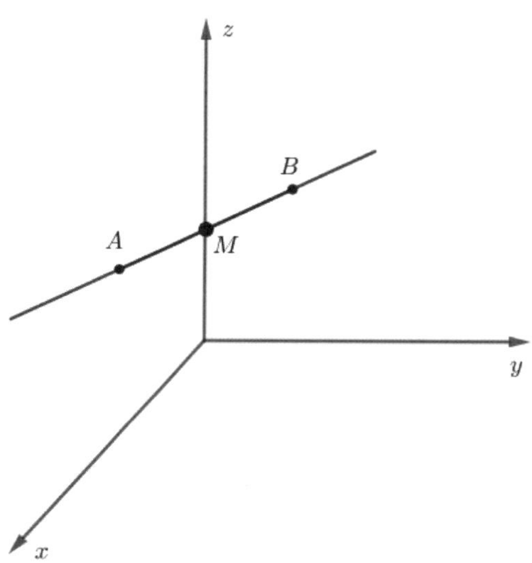

Figura 1.12: Distância entre dois pontos

Suponhamos que o ponto seja $M(x, y, z)$. Sendo assim, definimos:

$$M(x, y, z) = \left(\frac{x_1 + x_2}{2}, \frac{y_1 + y_2}{2}, \frac{z_1 + z_2}{2}\right).$$

Vejamos agora um exemplo disponível em [5].

Exemplo 3. Considere os pontos $A(4, -1, -2)$, $B(2, 5, -6)$ e $C(1, -1, -2)$ vértices de um triângulo. Qual o comprimento da mediana do triângulo relativa ao lado AB?

Solução: *Queremos determinar o comprimento da mediana, relativa ao lado AB. Lembremos que a mediana é um segmento de reta que liga um vértice do triângulo ao ponto médio do lado oposto a ele; neste caso, o vértice é o ponto C e o lado oposto é AB, como mostra a figura:*

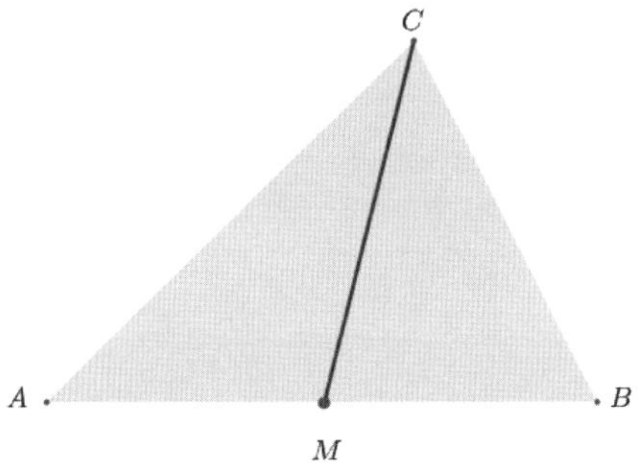

Figura 1.13

Como queremos encontrar o comprimento da mediana, é necessário inicialmente encontrarmos o segmento $\overline{CM}$, para depois determinarmos $|\overline{CM}|$. E, antes disso, ter conhecimento do ponto médio $M(x, y, z)$ do segmento $\overline{AB}$.

Logo, temos:

$$M(x, y, z) = M\left(\frac{4+2}{2}, \frac{-1+5}{2}, \frac{-2+(-6)}{2}\right) = M(3, 2, -4).$$

Além disso, é sabido que $\overline{CM} = M - C = (2, 3, -2)$. *E, assim,*

$$|\overline{CM}| = \sqrt{2^2 + 3^2 + (-2)^2} = \sqrt{17}.$$

Exemplo 4. Encontre os vértices A, B e C de um triângulo sabendo que os pontos $M(5, 0, -2)$, $N(3, 1, -3)$ e $P(4, 2, 1)$ são pontos médios dos segmentos AB, AC e BC, respectivamente.

Solução: *Para iniciarmos, vamos supor que os pontos sejam* $A(a, b, c)$, $B(d, e, f)$ *e* $C(g, h, i)$. *E que* M, N *e* P *sejam os pontos médios dos lados* AB, AC *e* BC, *respectivamente.*

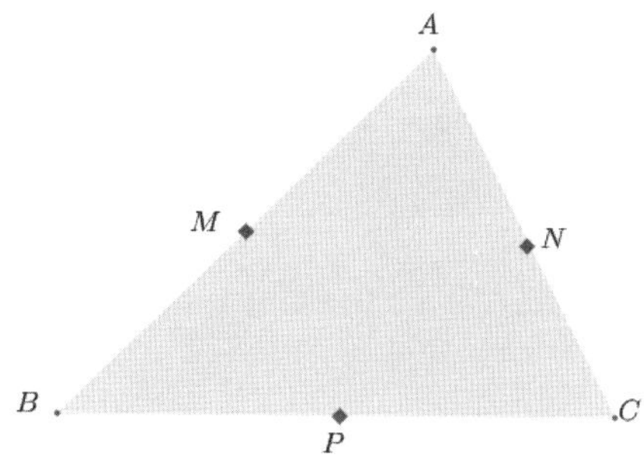

Figura 1.14

Sendo assim, da definição de ponto médio de um segmento, temos:

$$(5, 0, -2) = \left(\frac{a+d}{2}, \frac{b+e}{2}, \frac{c+f}{2}\right) \tag{1.1}$$

$$(3, 1, -3) = \left(\frac{a+g}{2}, \frac{b+h}{2}, \frac{c+i}{2}\right) \tag{1.2}$$

$$(4, 2, 1) = \left(\frac{d+g}{2}, \frac{e+h}{2}, \frac{f+i}{2}\right) \tag{1.3}$$

Note que das equações (1.1), (1.2) *e* (1.3), *utilizando a igualdade entre ternos coordenados, temos:*

$$\begin{cases} a + d = 10 \Rightarrow a = 10 - d \\ b + e = 0 \Rightarrow b = -e \\ c + f = -4 \Rightarrow c = -4 - f \end{cases} \tag{1.4}$$

$$\begin{cases} a + g = 6 \Rightarrow a = 6 - g \\ b + h = 2 \Rightarrow b = 2 - h \\ c + i = -6 \Rightarrow c = -6 - i \end{cases} \tag{1.5}$$

e

$$\begin{cases} d + g = 8 \Rightarrow g = 8 - d \\ e + h = 4 \Rightarrow h = 4 - e \\ f + i = 2 \Rightarrow i = 2 - f \end{cases} \tag{1.6}$$

Assim, das equações (1.4), (1.5) *e* (1.6) *acima, temos* $10 - d = 6 - g \Rightarrow g = d - 4$. *E, substituindo na primeira equação de* (1.6), *temos* $d = 6$. *Consequentemente,* $g = 2$ *e* $a = 4$.

Para encontrarmos as demais coordenadas aplicamos o mesmo processo nas equações acima, e teremos os pontos $A(4, -1, -6)$, $B(6, 1, 2)$ *e* $C(2, 3, 0)$.

1.4 Exercícios propostos

Exercício 1. Sabendo que um trapézio é um quadrilátero que possui dois dos seus lados paralelos, mostre que o segmento que surge ao unir os pontos médios dos outros dois lados será paralelo às bases.

Exercício 2. Verifique se o conjunto formado pelos vetores $\vec{u} = (1, 2, 1)$, $\vec{v} = (2, -1, -1)$ e $\vec{w} = (-1, 1, -1)$ é L.D ou L.I.

Exercício 3. Determine um vetor $\vec{u}$ que tenha comprimento 7, isto é, $|\vec{u}| = 7$, e esteja na mesma direção do vetor $\vec{v} = -2\vec{i} + \vec{j} + 3\vec{k}$.

Exercício 4. Dados os pontos $A(2,1,2)$, $B(0,-1,3)$ e $C(2,1,2)$, verifique se eles formam um triângulo e, em caso afirmativo, determine as coordenadas dos pontos médios de cada lado do triângulo.

Exercício 5. Com os dados do exercício anterior, determine o comprimento da mediana relativa ao lado $\overline{AC}$.

Capítulo 2

Produto entre vetores

Estamos interessados em estudar os produtos entre vetores, a saber: *o produto interno* ou *produto escalar, o produto vetorial* e *o produto misto.* Para cada produto teremos uma interpretação geométrica, que nos ajuda no cálculo de dimensões de comprimento, área e volumes, a depender do produto utilizado.

2.1 O produto interno

2.1.1 Definição

Sejam $\vec{u} = (x_1, y_1, z_1)$ e $\vec{v} = (x_2, y_2, z_2)$ dois vetores não nulos escritos na base canônica $\{\vec{i}, \vec{j}, \vec{k}\}$ do $\mathbb{R}^3$. O *produto interno ou produto escalar* entre os vetores $\vec{u}$ e $\vec{v}$, denotado por $\vec{u} \cdot \vec{v}$, será um **número** definido por:

$$\boxed{\vec{u} \cdot \vec{v} = (x_1, y_1, z_1) \cdot (x_2, y_2, z_2) = x_1x_2 + y_1y_2 + z_1z_2.} \tag{2.1}$$

Dados vetores $\vec{u}$, $\vec{v}$ e $\vec{w}$ arbitrários, e $\lambda \in \mathbb{R}$, são válidas as propriedades:

P.1 $\vec{u} \cdot \vec{v} = \vec{v} \cdot \vec{u}$;

P.2 $\vec{u} \cdot (\vec{v} + \vec{w}) = \vec{u} \cdot \vec{v} + \vec{u} \cdot \vec{w}$;

P.3 $\lambda(\vec{u}\cdot\vec{v}) = (\lambda\vec{u})\cdot\vec{v} = \vec{u}\cdot(\lambda\vec{v})$;

P.4 $\vec{u}\cdot\vec{u} = |\vec{u}|^2$, ou ainda, $|\vec{u}| = \sqrt{\vec{u}\cdot\vec{u}}$.

A definição presente em (2.1) representa o produto escalar entre os vetores $\vec{u}$ e $\vec{v}$ em sua forma algébrica. Outra possibilidade é trabalhar com uma definição de caráter geométrico para o produto escalar, representada por:

$$\vec{u}\cdot\vec{v} = |\vec{u}||\vec{v}|\cos\theta, \tag{2.2}$$

onde θ é o ângulo entre $\vec{u}$ e $\vec{v}$, tal que $0° \leq \theta \leq 180°$.

Podemos obter a expressão (2.2), ou seja, o valor do produto escalar entre dois vetores, a partir do uso da lei dos cossenos e da propriedade *P*.4. Assim, a partir da lei dos cossenos temos:

$$|\vec{u}-\vec{v}|^2 = |\vec{u}|^2 + |\vec{v}|^2 - 2|\vec{u}||\vec{v}|\cos\theta, \tag{2.3}$$

e da propriedade P.4,

$$|\vec{u}-\vec{v}|^2 = (\vec{u}-\vec{v})\cdot(\vec{u}-\vec{v}) = |\vec{u}|^2 + |\vec{v}|^2 - 2\vec{u}\cdot\vec{v}. \tag{2.4}$$

Assim, considerando as equações (2.3) e (2.4), e as comparando, obtemos (2.2).

Observação: Utilizando as propriedades do produto interno, são válidas as relações

$$|\vec{u}+\vec{v}|^2 = (\vec{u}+\vec{v})\cdot(\vec{u}+\vec{v}) = |\vec{u}|^2 + |\vec{v}|^2 - 2\vec{u}\cdot\vec{v}$$

e

$$|\vec{u}-\vec{v}|^2 = (\vec{u}-\vec{v})\cdot(\vec{u}-\vec{v}) = |\vec{u}|^2 + |\vec{v}|^2 - 2\vec{u}\cdot\vec{v}.$$

2.1.2 Ângulos entre vetores

Com o auxílio da definição geométrica do produto interno, podemos determinar **ângulos entre vetores**. De fato, temos da relação (2.2) que:

$$\cos\theta = \frac{\vec{u}\cdot\vec{v}}{|\vec{u}||\vec{v}|}. \qquad (2.5)$$

Perceba que seria o mesmo que aplicar a função inversa da função cosseno, ou seja, o arco cosseno,

$$\theta = (\vec{u}, \vec{v}) = \arccos\frac{\vec{u}\cdot\vec{v}}{|\vec{u}||\vec{v}|} \qquad (2.6)$$

Observação: Note que se $\vec{u}$ e $\vec{v}$ são vetores não nulos, e se $\vec{u}\cdot\vec{v} = 0$, teremos $\cos\theta = 0$, o que nos diz que o ângulo entre os vetores seria um ângulo reto. Portanto, **se o produto interno entre dois vetores, não nulos, for zero, os vetores serão ortogonais**.

Surge então a seguinte pergunta:

- **O que deveremos fazer para encontrarmos o ângulo entre dois vetores?**

Da relação (2.6) acima, é necessário conhecer o valor do produto escalar entre os dois vetores, ou seja, $\vec{u}\cdot\vec{v}$, bem como o valor do módulo de cada vetor, isto é, $|\vec{u}|$ e $|\vec{v}|$, respectivamente. Encontra-se o quociente $\frac{\vec{u}\cdot\vec{v}}{|\vec{u}||\vec{v}|}$, e descobre-se o ângulo cujo cosseno é numericamente igual ao quociente $\frac{\vec{u}\cdot\vec{v}}{|\vec{u}|\,|\vec{v}|}$. Observe que as etapas realizadas para obtenção do ângulo entre os vetores dependerão das informações que se tem no enunciado da questão. Se os vetores forem dados em termos de suas coordenadas, é possível calcular o produto interno e a norma a partir da realização de tais operações na forma algébrica. Por outro lado, se a questão não traz informações sobre as coordenadas dos vetores, é necessário que o enunciado informe tanto os módulos dos vetores quanto o valor do produto interno (entre os vetores); ou apresentar algum outro caminho que se possa utilizar como etapa intermediária para solucionar o problema.

Exemplo 5. Os vetores $\vec{v} = (2, 1, 1)$ e $\vec{u} = (-1, 1, 1)$ são ortogonais, visto que $\vec{v} \cdot \vec{u} = -2 + 1 + 1 = 0$.

Exemplo 6. Considerando os vetores $\vec{v}$ e $\vec{u}$ tal que $|\vec{v}| = \sqrt{3}$, $|\vec{u}| = 2$ e $\theta = (\vec{v}, \vec{u}) = 30°$, encontre $|3\vec{v} + 2\vec{u}|$.

Solução: *Observe que determinar $|3\vec{v} + 2\vec{u}|$ significa determinar o módulo do vetor soma $3\vec{v} + 2\vec{u}$ sem que conheçamos os vetores $\vec{v}$ e $\vec{u}$, utilizando apenas informações sobre o módulo deles.*

Para iniciarmos, da propriedade P.4, temos que:

$$|3\vec{v} + 2\vec{u}|^2 = (3\vec{v} + 2\vec{u}) \cdot (3\vec{v} + 2\vec{u})$$

$$|3\vec{v} + 2\vec{u}|^2 = 9\,\vec{v} \cdot \vec{v} + 4\,\vec{u} \cdot \vec{u} + 6\,\vec{u} \cdot \vec{v} + 6\,\vec{v} \cdot \vec{u},$$

ou ainda

$$|3\vec{v} + 2\vec{u}|^2 = |\vec{v}|^2 + |\vec{u}|^2 + 12\vec{v} \cdot \vec{u}.$$

Por hipótese, $|\vec{v}| = \sqrt{3}$ e $|\vec{u}| = 2$. E, na equação acima, precisaremos apenas encontrar o valor do produto interno $\vec{v} \cdot \vec{u}$. Mas, como temos o ângulo entre os vetores,

$$\vec{v} \cdot \vec{u} = |\vec{v}||\vec{u}| \cos 30° = \sqrt{3}.2.\frac{\sqrt{3}}{2} = 3.$$

Logo,

$$|3\vec{v} + 2\vec{u}| = \sqrt{9.3 + 12.3 + 4.4} = \sqrt{79}.$$

- **Dados dois vetores $\vec{u}$ e $\vec{v}$, sempre será válida a igualdade $|\vec{u} + \vec{v}|^2 = |\vec{u}|^2 + |\vec{v}|^2$?**

Perceba que essa equação remete ao *teorema de Pitágoras*. E, de fato, se desenvolvermos $|\vec{u} + \vec{v}|^2$, encontraríamos um termo $2\vec{u} \cdot \vec{v}$, que não aparece na nossa equação. Assim, precisamos que esse termo seja nulo, e isto só acontecerá quando os vetores $\vec{u}$ e $\vec{v}$ forem ortogonais.

Ainda da equação (2.5), podemos obter a *desigualdade de Cauchy-Schwarz*, dada por

$$|\vec{u} \cdot \vec{v}| \leq |\vec{u}||\vec{v}|. \tag{2.7}$$

Basta lembrarmos que a função cosseno é limitada, $|\cos\theta| \leq 1$, e supor $\vec{u}$ e $\vec{v}$ não nulos. Além disso, a igualdade só ocorrerá no caso em que $\cos\theta = 1$ (caso em que os vetores são paralelos) ou se um dos dois vetores for nulo.

Utilizando a desigualdade de Cauchy-Schwarz e as propriedades apresentadas do produto interno, chegamos a uma relação entre a norma de um vetor soma $\vec{u} + \vec{v}$ com a norma dos vetores $\vec{u}$ e $\vec{v}$, dada na *desigualdade triangular*,

$$|\vec{u} + \vec{v}| \leq |\vec{u}| + |\vec{v}|. \tag{2.8}$$

De fato,

$$|\vec{u} + \vec{v}|^2 = |\vec{u}|^2 + |\vec{v}|^2 + 2\vec{u} \cdot \vec{v},$$

$$|\vec{u} + \vec{v}|^2 \leq |\vec{u}|^2 + |\vec{v}|^2 + 2|\vec{u}| \cdot |\vec{v}|,$$

$$|\vec{u} + \vec{v}|^2 \leq (|\vec{u}| + |\vec{v}|)^2,$$

e assim,

$$|\vec{u} + \vec{v}| \leq |\vec{u}| + |\vec{v}|.$$

2.1.3 A interpretação geométrica do módulo do produto interno

Como citamos no início do capítulo, o resultado do produto entre vetores pode ser um escalar ou um vetor, a depender do produto realizado, e o módulo possui uma interpretação geométrica. No caso do produto interno, será o módulo da **projeção ortogonal de um dado vetor sobre um vetor unitário**.

Mas o que é a projeção de um vetor $\vec{v}$ sobre outro vetor $\vec{u}$?

Considere os vetores $\vec{v}$ e $\vec{u}$ como na imagem abaixo (I). Se traçarmos uma reta perpendicular ao vetor $\vec{u}$ e que passe pelo ponto final do vetor $\vec{v}$ (II), o vetor $\vec{w}$, que tem como ponto inicial a origem do sistema e como ponto final o ponto de interseção da reta com o vetor $\vec{u}$, será o vetor projeção ortogonal de $\vec{v}$ sobre $\vec{u}$ (III), o qual denotaremos por $\vec{w} = proj_{\vec{u}}\vec{v}$.

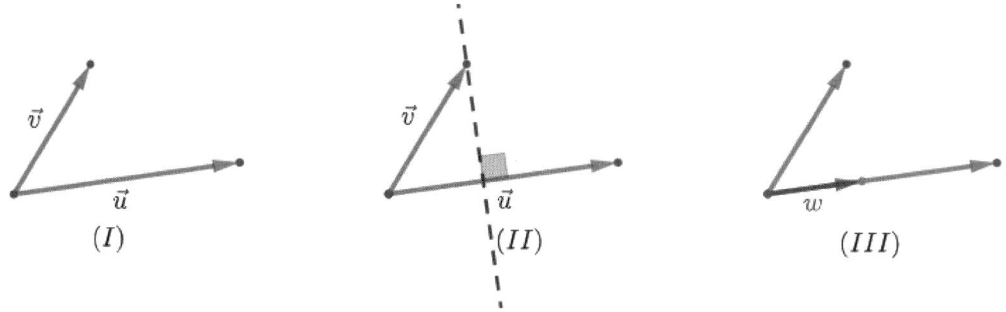

Figura 2.1: Vetor projeção ortogonal

Dessa forma, com o auxílio de teorema de Pitágoras e de operações com vetores, temos:

$$proj_{\vec{u}}\vec{v} = \left(\frac{\vec{v} \cdot \vec{u}}{\vec{u} \cdot \vec{u}}\right)\vec{u}.$$

Além disso, se o vetor $\vec{u}$ for unitário, isto é, $|\vec{u}| = 1$, teríamos

$$proj_{\vec{u}}\vec{v} = (\vec{v} \cdot \vec{u})\vec{u},$$

e, ao tomarmos o módulo da projeção de $\vec{v}$ sobre o vetor unitário $\vec{u}$,

$$\boxed{|proj_{\vec{u}}\vec{v}| = |\vec{v} \cdot \vec{u}|}$$

Exemplo 7. Considere $A(1,2)$, $B(-1,4)$ e $C(-3,1)$ pontos do $\mathbb{R}^2$. Sabendo que os pontos são vértices de um triângulo, calcule a medida do vetor projeção do menor lado sobre o maior lado do triângulo.

Solução: Apresentaremos a ideia da solução.

Passo 1: Determine os vetores $\vec{u} = \overrightarrow{AB}$, $\vec{v} = \overrightarrow{AC}$ e $\vec{w} = \overrightarrow{BC}$.

Passo 2: Encontre o comprimento de cada lado para determinar o maior e o menor lado. Aqui o maior lado será o lado $\overrightarrow{AC}$ e o menor lado será $\overrightarrow{AB}$ (Verifique!).

Passo 3: Calcule o vetor projeção do vetor $\vec{u}$ sobre $\vec{v}$.

Passo 4: Determine $|proj_{\vec{u}}\vec{v}|$.

2.2 O produto vetorial

2.2.1 Definição

Sejam dois vetores $\vec{u}$ e $\vec{v} \in \mathbb{R}^3$. O *produto vetorial* entre $\vec{u}$ e $\vec{v}$, denotado por $\vec{u} \times \vec{v}$, será um **vetor** cujo módulo, geometricamente, representará a área de um paralelogramo formada a partir dos vetores $\vec{u}$ e $\vec{v}$. Dizemos ainda que tal paralelogramo é uma superfície orientada, com orientação determinada por $\vec{u} \times \vec{v}$.[1]

Algebricamente, sendo $\vec{u} = (x_1, y_1, z_1)$ e $\vec{v} = (x_2, y_2, z_2)$ escritos na base ortonormal $\{\vec{i}, \vec{j}, \vec{k}\}$. Definimos o produto vetorial entre os vetores $\vec{u}$ e $\vec{v}$ como sendo o vetor que será encontrado por:

$$\vec{u} \times \vec{v} = \begin{vmatrix} y_1 & z_1 \\ y_2 & z_2 \end{vmatrix} \vec{i} - \begin{vmatrix} x_1 & z_1 \\ x_2 & z_2 \end{vmatrix} \vec{j} + \begin{vmatrix} x_1 & y_1 \\ x_2 & y_2 \end{vmatrix} \vec{k}. \tag{2.9}$$

E comparando com o Teorema de Laplace, na teoria de matrizes e determinantes, podemos escrever a expressão (2.9) como o "falso determinante"[2]:

[1]Quando você estiver estudando, por exemplo, Álgebra Vetorial ou aplicações desta em outras disciplinas que envolvam o cálculo de fluxos de campos vetoriais, essa ideia de área orientada será de grande utilidade.

[2]Chamamos de "falso determinante" pois estamos trabalhando com elementos de grandezas diferentes nas linhas do determinante.

$$\vec{u}\times\vec{v}=\begin{vmatrix}\vec{i} & \vec{j} & \vec{k}\\ x_1 & y_1 & z_1\\ x_2 & y_2 & z_2\end{vmatrix}. \qquad (2.10)$$

- **Se o produto vetorial $\vec{u}\times\vec{v}$ é um vetor, como analisar a direção e o sentido dele?**

Para a direção, o vetor $\vec{u}\times\vec{v}$, será sempre ortogonal ao vetor $\vec{u}$ e ao vetor $\vec{v}$, simultaneamente. Essa é uma característica bastante importante do produto vetorial. Quanto ao sentido de $\vec{u}\times\vec{v}$, devemos aplicar a chamada regra da mão direita. Segundo essa regra, você deve girar quatro dedos da mão (indicador, dedo médio, anelar e dedo mínimo) desde o vetor $\vec{u}$ até o vetor $\vec{v}$; o dedo polegar dará o sentido do vetor $\vec{u}\times\vec{v}$.

- **Dados dois vetores $\vec{u}$ e $\vec{v}$, em termos de suas coordenadas, como determinar $\vec{u}\times\vec{v}$?**

Substitua as coordenadas do vetor $\vec{u}$ e $\vec{v}$ na segunda e na terceira linha, nessa ordem, do "determinante" (2.10) e, então, proceda ao cálculo conforme conhecimentos na teoria de matrizes e determinantes. É importante frisar que a ordem de preenchimento das coordenadas de cada vetor na segunda e na terceira linha da expressão (2.10) é muito importante. Assim, digamos que seja calculado o produto vetorial $\vec{u}\times\vec{v}$; devemos colocar na segunda linha de (2.10) as coordenadas de $\vec{u}$ e, na terceira linha de (2.10), as coordenadas de $\vec{v}$. Além disso, vale lembrar da propriedade (dos determinantes) segundo a qual o sinal do determinante é trocado quando se realiza a troca na posição de duas linhas (desse determinante).

Exemplo 8. Determinar $|\vec{u} \times \vec{v}|$ e $|\vec{v} \times \vec{u}|$, sabendo que $\vec{u} = (1, 1, 0)$ e $\vec{v} = (2, 1, 2)$.

Solução: *Utilizando a expressão (2.10), para* $\vec{u} \times \vec{v}$*, temos*

$$\vec{u} \times \vec{v} = \begin{vmatrix} \vec{i} & \vec{j} & \vec{k} \\ 1 & 1 & 0 \\ 2 & 1 & 2 \end{vmatrix} = 2\vec{i} - 2\vec{j} - \vec{k} = (2, -2, -1). \tag{2.11}$$

Assim, calculando a norma

$$|\vec{u} \times \vec{v}| = \sqrt{2^2 + (-2)^2 + (-1)^2} = \sqrt{9} = 3.$$

De maneira análoga, para $\vec{v} \times \vec{u}$*,*

$$\vec{v} \times \vec{u} = \begin{vmatrix} \vec{i} & \vec{j} & \vec{k} \\ 2 & 1 & 2 \\ 1 & 1 & 0 \end{vmatrix} = -2\vec{i} + 2\vec{j} + \vec{k} = (-2, 2, 1). \tag{2.12}$$

E teríamos $|\vec{v} \times \vec{u}| = 3$.

Observação: Embora $\vec{u} \times \vec{v}$ e $\vec{v} \times \vec{u}$ tenham a mesma direção, eles têm sentidos opostos, como mostra a figura

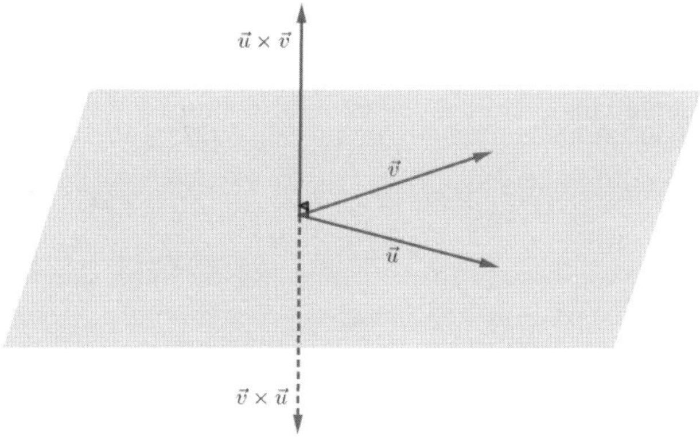

Figura 2.2: Produto vetorial

Dados os vetores $\vec{u}$, $\vec{v}$ e $\vec{w} \in \mathbb{R}^3$ e $\lambda \in \mathbb{R}$, são válidas:

V.1 $\vec{u} \times \vec{v} = -(\vec{v} \times \vec{u})$;

V.2 $\vec{u} \times (\vec{v} + \vec{w}) = \vec{u} \times \vec{v} + \vec{u} \times \vec{w}$;

V.3 $\lambda(\vec{u} \times \vec{v}) = (\lambda\vec{u}) \times \vec{v} = \vec{u} \times (\lambda\vec{v})$;

2.2.2 A interpretação geométrica do módulo do produto vetorial

Para iniciarmos, observe a figura

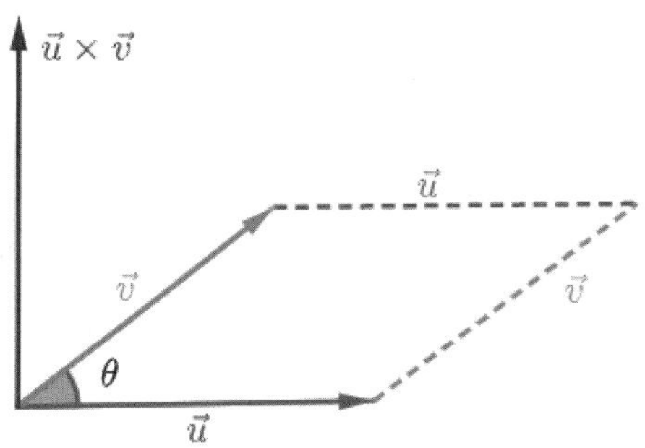

Figura 2.3: Paralelogramo formado pelos vetores $\vec{u}$ e $\vec{v}$

que representa o paralelogramo formado pelos vetores $\vec{u}$ e $\vec{v}$.

Sabemos que o cálculo da área A de um paralelogramo de base b e altura h é dada por $A = b\ .\ h$. Nessas condições, o paralelogramo formado pelos vetores $\vec{u}$ e $\vec{v}$, conforme representado na figura abaixo, terá base igual a $|\vec{u}|$ e altura h.

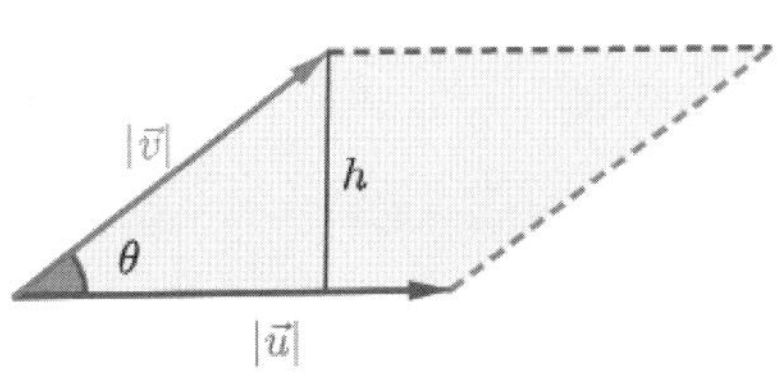

Figura 2.4: Área do paralelogramo

Adicionalmente, podemos obter uma relação entre o ângulo θ e a altura h, visto que temos um triângulo retângulo, e podemos aplicar as leis da trigonometria, que nos darão:

$$\text{sen}\,\theta = \frac{\text{cateto oposto}}{\text{hipotenusa}} = \frac{h}{|\vec{v}|} \Longrightarrow h = |\vec{v}|\ \text{sen}\,\theta.$$

Logo, a área do paralelogramo, formado pelos vetores $\vec{u}$ e $\vec{v}$, é dada por:

$$A = |\vec{u}||\vec{v}|\text{sen}\,\theta. \tag{2.13}$$

E assim, da equação (2.13) e do módulo do produto vetorial $|\vec{u} \times \vec{v}|$, temos

$$|\vec{u} \times \vec{v}| = |\vec{u}||\vec{v}|\text{sen}\,\theta. \tag{2.14}$$

Além disso, perceba que a área do triângulo formado pelos vetores $\vec{u}$ e $\vec{v}$ será a metade da área do paralelogramo.

Vamos para algumas perguntas.

- **Como saber se três pontos A, B e C em um plano podem ajudar a formar um paralelogramo?**

Primeiro temos que verificar se existem pontos colineares. Facilmente percebe-se que para ter um paralelogramo é esperado que pelo menos um dos três pontos não esteja alinhado aos outros dois. Em outras palavras, eles não estarão sobre uma mesma reta. A razão para essa não colinearidade está intimamente ligada ao fato de os vetores formados por tais pontos, por exemplo, $\overrightarrow{AB}$ e $\overrightarrow{AC}$, serem L.I, ou seja, um não pode ser escrito como combinação linear do outro. Uma outra forma de verificar se os três pontos estão alinhados é calcular um determinante com as linhas compostas pelas coordenadas dos pontos em análise; caso o determinante seja nulo, os pontos estarão alinhados.

- **Dados três pontos A, B e C não colineares num plano, como encontrar a área do paralelogramo formado por eles?**

Vimos há pouco que o módulo do produto vetorial é numericamente igual à área do paralelogramo formado por dois vetores linearmente independentes, por exemplo, $\overrightarrow{AB}$ e $\overrightarrow{AC}$. Daí seria suficiente encontrarmos o produto $\overrightarrow{AB} \times \overrightarrow{AC}$, utilizando (2.10), e em seguida calcula-se a norma do vetor encontrado.

- **Sendo $\vec{u}$ e $\vec{v}$ dois vetores linearmente independentes, como achar um outro vetor $\vec{w}$ tal que $\vec{w} \perp \vec{u}$ e $\vec{w} \perp \vec{v}$, simultaneamente?**

Uma das características do resultado do produto vetorial é que o vetor encontrado tem a propriedade de ser ortogonal aos outros dois vetores. Sendo assim, basta definir $\vec{w} = \vec{u} \times \vec{v}$ ou ainda $\vec{w} = \vec{v} \times \vec{u}$. E lembre-se que dizer que $\vec{w} \perp \vec{u}$ é o mesmo que dizer que o produto interno entre os vetores é nulo.

Vejamos mais alguns exemplos sobre o produto vetorial e suas aplicações.

Exemplo 9. Dados os pontos $A(3,0,0)$, $B(0,3,0)$ e $C(0,0,2)$ pontos do $\mathbb{R}^3$. Verifique se eles formam um triângulo e, em caso verdadeiro, calcule a área do triângulo formado.

Solução: *Inicialmente, verificaremos se os pontos formam um triângulo. Já expomos duas formas pra isso. Primeiro, se calcularmos o determinante*

$$\begin{vmatrix} 3 & 0 & 0 \\ 0 & 3 & 0 \\ 0 & 0 & 2 \end{vmatrix} = 18 \neq 0, \tag{2.15}$$

que indicaria que os pontos não estão alinhados e formam um triângulo. De outro modo, poderíamos mostrar que não existe um $\lambda \in \mathbb{R}$ tal que $\overrightarrow{AB} = \lambda\overrightarrow{AC}$. Ou seja,

$$(-3,3,0) = \lambda(-3,0,2).$$

De fato, encontraríamos diferentes valores para λ, quando sabemos que este deverá ser único. Logo os vetores são linearmente independentes.

Agora que já sabemos que os pontos formam um triângulo, vamos encontrar a área. Utilizando os vetores $\overrightarrow{AB} = (-3, 3, 0)$ e $\overrightarrow{AC} = (-3, 0, 2)$, e substituindo em (2.10), temos

$$\overrightarrow{AB} \times \overrightarrow{AC} = \begin{vmatrix} \vec{i} & \vec{j} & \vec{k} \\ -3 & 3 & 0 \\ -3 & 0 & 2 \end{vmatrix} = 6\vec{i} + 6\vec{j} + 9\vec{k} = (6, 6, 9). \tag{2.16}$$

E tomando o módulo $|\overrightarrow{AB} \times \overrightarrow{AC}| = \sqrt{6^2 + 6^2 + 9^2} = \sqrt{153}$, representando a área do paralelogramo. Como queremos a área do triângulo, formado pelos vetores $\overrightarrow{AB}$ e $\overrightarrow{AC}$, temos:

$$A = \frac{\sqrt{153}}{2} u.a.$$

2.3 O produto misto

2.3.1 Definição

Apresentaremos o conceito de um produto que envolve outros dois que já foram estabelecidos nas seções anteriores, a saber, o produto interno e o produto vetorial. Que será o *produto misto*.

Dados três vetores $\vec{u} = (x_1, y_1, z_1)$, $\vec{v} = (x_2, y_2, z_2)$ e $\vec{w} = (x_3, y_3, z_3)$ escritos na base canônica $\{\vec{i}, \vec{j}, \vec{k}\}$ do $\mathbb{R}^3$, definiremos o **produto misto** entre os vetores $\vec{u}$, $\vec{v}$ e $\vec{w}$, nesta ordem, como sendo

$$[\vec{u}, \vec{v}, \vec{w}] = (\vec{u} \times \vec{v}) \cdot \vec{w} .$$

E observe que, da definição geométrica de produto interno, seria o mesmo que escrever

$$[\vec{u}, \vec{v}, \vec{w}] = |\vec{u} \times \vec{v}| \cdot |\vec{w}| \cos\theta,$$

onde θ é o ângulo entre os vetores $\vec{u} \times \vec{v}$ e $\vec{w}$.

Além disso, algebricamente, podemos definir o produto misto como sendo o **número** que resulta do determinante construído de forma que suas linhas sejam as coordenadas de cada vetor, na ordem que foi estabelecido:

$$[\vec{u}, \vec{v}, \vec{w}] = \begin{vmatrix} x_1 & y_1 & z_1 \\ x_2 & y_2 & z_2 \\ x_3 & y_3 & z_3 \end{vmatrix}. \tag{2.17}$$

Por sua vez, o produto misto satisfaz algumas propriedades, que são consequências das propriedades estabelecidas para o produto interno e para o produto vetorial. Assim, dados os vetores $\vec{u}$, $\vec{v}$ e $\vec{w}$, temos:

M.1 O produto misto $[\vec{u}, \vec{v}, \vec{w}]$ mudará de sinal ao permutarmos a posição de dois vetores;

M.2 $[\vec{u}, \vec{v}, \vec{w}] = (\vec{u} \times \vec{v}) \cdot \vec{w} = \vec{u} \cdot (\vec{v} \times \vec{w})$;

M.3 $[\vec{u} + \vec{x}, \vec{v}, \vec{w}] = [\vec{u}, \vec{v}, \vec{w}] + [\vec{x}, \vec{v}, \vec{w}]$;

M.4 $[\lambda\vec{u}, \vec{v}, \vec{w}] = \lambda\,[\vec{u}, \vec{v}, \vec{w}]$, com $\lambda \in \mathbb{R}$;

M.5 $[\vec{u}, \vec{v}, \vec{w}] = 0 \Leftrightarrow$ $\vec{u}$, $\vec{v}$ e $\vec{w}$ forem vetores coplanares.

Um bom exercício é utilizar das propriedades dos produtos interno e vetorial e verificar as propriedades acima.

2.3.2 A interpretação geométrica do módulo do produto misto

A definição do produto misto também tem uma interessante representação geométrica, que será dada pelo volume de um paralelepípedo (figura 2.5) formado a partir dos vetores $\vec{u}$, $\vec{v}$ e $\vec{w}$.

Note que o volume, V, do paralelepípedo, na figura 2.5, é dado como a multiplicação da área da base pela altura, isto é,

$$V = A_b\, h.$$

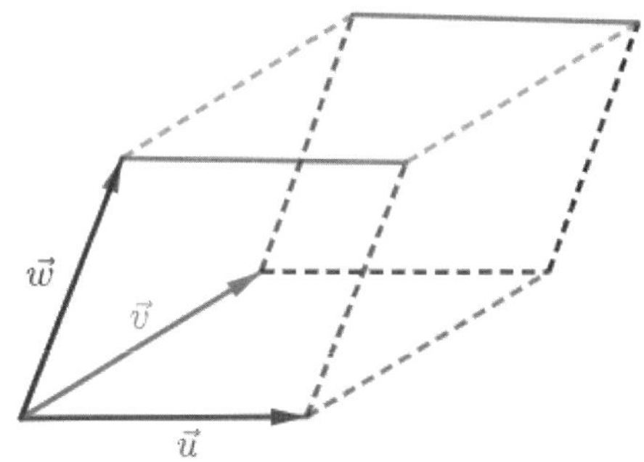

Figura 2.5: Volume de um paralelepípedo

Na seção anterior, vimos que a área da base pode ser calculada pelo módulo do produto vetorial entre os vetores $\vec{u}$ e $\vec{v}$, isto é,

$$A_b = |\vec{u} \times \vec{v}|.$$

Precisamos agora descobrir o valor da altura.

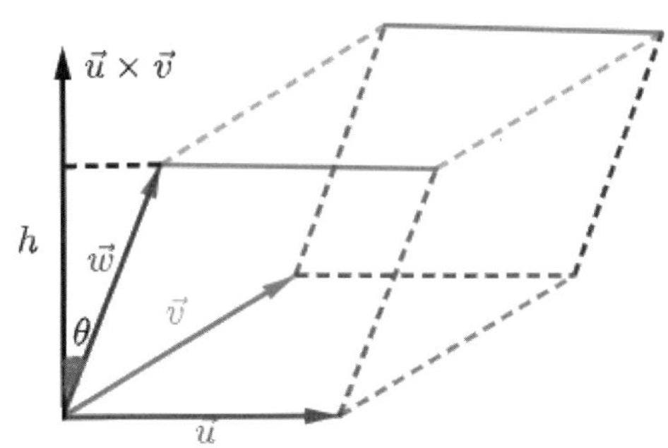

Figura 2.6: Altura de um paralelepípedo

Utilizando relações trigonométricas no triângulo retângulo, mostrado na figura, temos

$$\cos\theta = \frac{h}{|\vec{w}|} \implies h = |\vec{w}|\cos\theta,$$

onde θ é o ângulo entre os vetores $\vec{u} \times \vec{v}$ e $\vec{w}$.

Sendo assim,

$$V = |\vec{u} \times \vec{v}||\vec{w}| \cos\theta = |(\vec{u} \times \vec{v}) \cdot \vec{w}|.$$

Portanto,

$$V = |\ [\vec{u}, \vec{v}, \vec{w}]\ |.$$

- **Dados três vetores $\vec{u}$, $\vec{v}$ e $\vec{w}$, quais os passos que devemos tomar para encontrar o volume do paralelepípedo formado por eles?**

Conhecendo os vetores, basta encontrar, substituindo na equação (2.17), o valor do produto misto. E, como este será um número, tomamos o módulo dele, pois o volume é sempre positivo.

- **E se forem dados quatro pontos?**

Aqui temos que analisar a seguinte questão: todos os pontos estão no mesmo plano, isto é, são coplanares? Se a resposta for sim, o volume será zero, visto que os vetores construídos pelos pontos estarão em um mesmo plano. É necessário que tenhamos um ponto em outro plano, para que possamos encontrar a altura do paralelepípedo. Tente visualizar essa situação. Nessas condições, encontram-se os vetores que farão o papel do $\vec{u}$, $\vec{v}$ e $\vec{w}$, a partir dos pontos dados, e calcula-se o determinante procedendo de forma análoga ao caso anterior.

Exemplo 10. Dados $A(3,0,0)$, $B(0,3,0)$ e $C(0,0,2)$ pontos do $\mathbb{R}^3$. Verificamos que eles formam um triângulo, e já calculamos a área do triângulo formado no exemplo anterior. Como determinar o volume de um paralelepípedo através desses pontos?

Solução: *Lembre que criamos dois vetores* $\vec{u} = \overrightarrow{AB} = (-3,3,0)$ *e* $\vec{v} = \overrightarrow{AC} = (-3,0,2)$. *Mas precisamos de um vetor que nos dê a altura do paralelepípedo. Ora, é sabido que a altura é perpendicular à base, sendo assim, o que precisamos é de um vetor ortogonal a* $\vec{u}$ *e a* $\vec{v}$, *visto que os vetores estão no plano que contém a base do paralelepípedo.*

Assim, definimos $\vec{w} = \vec{u} \times \vec{v} = (6, 6, 9)$, *como foi calculado no exemplo anterior.*

Portanto,

$$V = [\vec{u}, \vec{v}, \vec{w}] = \begin{vmatrix} -3 & 3 & 0 \\ -3 & 0 & 2 \\ 6 & 6 & 9 \end{vmatrix} = 153\ u.v. \tag{2.18}$$

Observação: Sabendo que o volume de um tetraedro é dado por

$$V_T = \frac{A_b h}{3}$$

e observando a figura

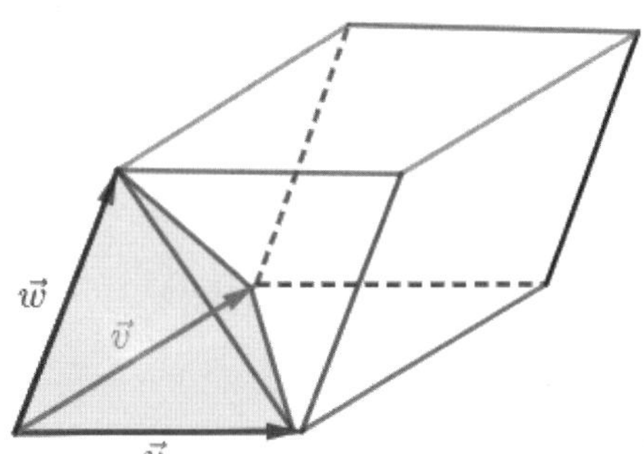

Figura 2.7: Volume de um tetraedro

é possível encontrar o volume do tetraedro a partir do volume do paralelepípedo, e deste último já sabemos como calcular a partir do produto misto entre vetores.

Assim, se $A_b = \dfrac{|\overrightarrow{u} \times \overrightarrow{v}|}{2}$, então o volume de um tetraedro será dado por

$$V = \frac{1}{6}\,[\vec{u}, \vec{v}, \vec{w}]\,.$$

2.4 Exercícios propostos

Exercício 6. Dados vetores $\vec{a} = (1,2,1)$, $\vec{b} = (3,-1,0)$ e $\vec{c} = (1,3,-7)$, determine:

a. $\vec{a} \cdot \vec{b}$, $\vec{a} \cdot \vec{c}$ e $\vec{b} \cdot \vec{c}$;

b. $\vec{a} \times \vec{b}$, $\vec{b} \times \vec{a}$ e $\vec{b} \times \vec{c}$;

c. $\vec{a} \cdot (\vec{b} \times \vec{c})$.

Exercício 7. Sejam os vetores $\vec{a}$, $\vec{b}$ e $\vec{c} \in \mathbb{R}^3$, tal que $|\vec{a}| = 2$, $\vec{b} = (1,-1,0)$, e $\vec{c} = (1,1,0)$. Sabendo que $\vec{a}$ é ortogonal a $\vec{c}$ e que o ângulo entre $\vec{a}$ e $\vec{b}$ é $45°$, determine as coordenadas do vetor $\vec{a}$.

Exercício 8. Considere os pontos $A(2,3,4)$, $B(-2,1,1)$ e $C(-2,1,-1)$. Verifique se os pontos são vértices de um triângulo e, em caso afirmativo, calcule a área do triângulo formado.

Exercício 9. Determine o volume de um tetraedro formado pelos vetores $\vec{u} = (0,4,0)$, $\vec{v} = (-2,3,0)$ e $\vec{w} = (0,-2,0)$.

Exercício 10. Considerando que os pontos $A(2,0,0)$, $B(2,4,0)$ e $C(0,3,0)$ são vértices de um triângulo, encontre:

a. Os ângulos do triângulo ΔABC.

b. A altura do triângulo relativa ao maior lado.

c. A área do triângulo.

d. O volume do paralelepípedo formado a partir dos vetores $\overrightarrow{AB}$, $\overrightarrow{AC}$ e $\overrightarrow{AB} \times \overrightarrow{AC}$.

Capítulo 3

A reta

As noções primitivas de ponto, reta e plano são aceitas sem uma definição formal, levando em consideração a intuição geométrica de cada um. Vale ressaltar que a noção de reta é de extrema importância para o surgimento da geometria euclidiana, a saber, pelos postulados de Euclides. A geometria euclidiana, por sua vez, pode ser representada de forma algébrica, através dos recursos da geometria analítica, facilitando inúmeros processos e criando novas técnicas.

Na geometria analítica, um dos tópicos abordados é o *estudo da reta*. Abordando conceitos, propriedades, representação algébrica e geométrica e relacionando tanto com o plano $\mathbb{R}^2$ quanto com o espaço $\mathbb{R}^3$.

3.1 As equações da reta

Para iniciarmos nosso estudo, vamos supor um ponto no espaço $\mathbb{R}^3$, digamos $A(x_0, y_0, z_0)$, e um vetor $\vec{u} = (a, b, c)$. Observe a imagem abaixo:

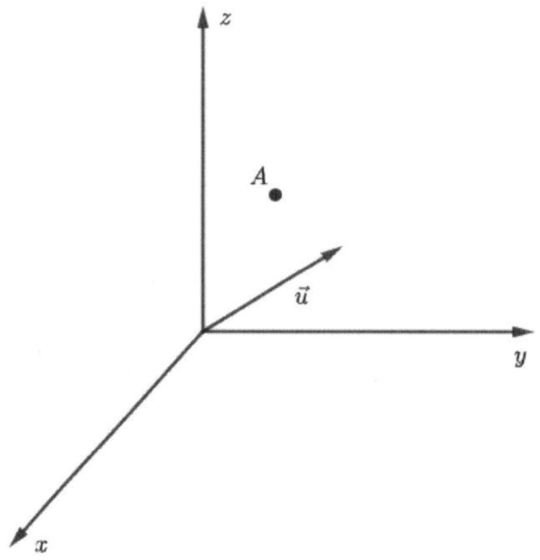

Figura 3.1

O que deveria acontecer para que um ponto $P(x, y, z)$ pertença a uma reta, digamos r, que contenha o ponto A e que tenha sido construída na direção do vetor $\vec{u}$?

Observe a figura abaixo:

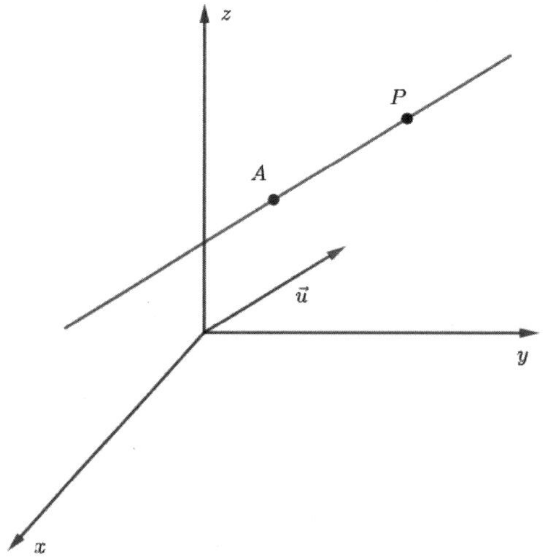

Figura 3.2: Reta r na direção do vetor $\vec{u}$

Dos conceitos já estabelecidos anteriormente com o estudo de vetores, um ponto $P \in \mathbb{R}^3$ pertencerá à reta r se, e somente se, o vetor $\vec{u}$ for paralelo ao vetor construído $\overrightarrow{AP}$. Em símbolos,

$$\boxed{P \in r \Leftrightarrow \exists\, t \in \mathbb{R} \text{ tal que } \overrightarrow{AP} = t\vec{u}} \tag{3.1}$$

A partir da representação acima, estabeleceremos as equações *vetorial, paramétrica* e *simétrica* da reta.

De forma imediata, utilizando a substituição do ponto e do vetor na expressão (3.1) e observando que $\overrightarrow{AP} = P - A$, obtemos a **equação vetorial**:

$$\boxed{(x, y, z) = (x_0, y_0, z_0) + t(a, b, c)} \tag{3.2}$$

Agora, desenvolvendo a equação (3.2), isolando as coordenadas x, y e z, obtemos as **equações paramétricas** da reta. Dadas a seguir:

$$\begin{cases} x = x_0 + ta \\ y = y_0 + tb \\ z = z_0 + tc \end{cases} \tag{3.3}$$

Além disso, como o parâmetro $t \in \mathbb{R}$ é único, podemos isolá-lo na equação (3.3), em cada linha, e teremos as **equações simétricas**:

$$\frac{x - x_0}{a} = \frac{y - y_0}{b} = \frac{z - z_0}{c} \tag{3.4}$$

Note que é necessário que, no vetor $\vec{u} = (a, b, c)$, pelo menos duas das coordenadas a, b e c sejam não nulas; caso contrário não seria possível encontrar as equações simétricas acima.

Com base na teoria do estudo das retas, estabeleceremos agora algumas perguntas que poderão aparecer na resolução de questões. Vamos lá.

- **Como encontrar pontos que pertencem a uma reta?**

Conhecendo o parâmetro t utilizado na construção da equação da reta, basta atribuir valor ao parâmetro. A substituição poderá ser feita tanto na equação vetorial quanto nas equações paramétricas.

- **Como determinar se um ponto $P_1(x_1, y_1, z_1)$ pertence a uma reta?**

A maneira mais imediata de fazer tal verificação é, nas equações paramétricas, substituir o ponto e verificar se encontrará o mesmo valor para o parâmetro adotado.

- **Como construir a equação de uma reta a partir de um ponto A, na direção (paralela) de um vetor conhecido $\vec{v}$?**

Nas equações (3.1), (3.2) ou (3.3), basta identificar o local das coordenadas do ponto e do vetor e atribuir nos respectivos locais.

- **Como construir a equação de uma reta se não tivermos um vetor?**

Sabemos que com dois pontos podemos construir um vetor. Logo, basta definir tal vetor como sendo o vetor diretor da reta. E para a escolha do ponto pode-se tomar qualquer um dos pontos que forem tomados na direção desse vetor.

Vale lembrar que podemos representar algebricamente uma mesma reta de infinitas formas. Visto que existem infinitos pontos na reta, podemos conseguir infinitos vetores que podem ser utilizados para dar a direção da reta.

Uma outra maneira de representar a reta algebricamente é a partir das *equações reduzidas da reta*, em uma dada variável. Se estivermos trabalhando no $\mathbb{R}^2$, teremos a dependência de duas variáveis, enquanto que no $\mathbb{R}^3$ teremos a dependência de três variáveis. A ideia é colocar uma variável em função da(s) outra(s). Por exemplo:

Exemplo 11. A equação reduzida da reta r, que passa pelo ponto $A(2, -4, -3)$, na direção do vetor $\vec{u} = (1, 2, -3)$, na variável x, é dada por:

$$\begin{cases} y = 2x - 8 \\ z = -3x + 3 \end{cases} \tag{3.5}$$

Observe que as coordenadas y e z estão na dependência da variável x.

Sigamos com os questionamentos:

- **Dada uma equação da reta na sua forma reduzida, como transformar em uma equação simétrica?**

Vamos tomar como base o exemplo acima, no qual temos as equações $y = 2x - 8$ e $z = -3x + 3$. Se isolarmos a variável x em ambas, encontraremos:

$$\frac{y+8}{2} = x = \frac{z-3}{-3},$$

e assim conseguimos uma equação simétrica para a reta e, consequentemente, obtemos as equações paramétricas e vetorial. Note que, comparando com a equação (3.4), o vetor diretor é dado por $\vec{u} = (1, 2, -3)$ e a reta possui o ponto $B(0, -8, 3)$.

- **Dada uma equação da reta na sua forma paramétrica ou simétrica, como transformar em uma equação reduzida?**

Tomemos a equação

$$\frac{x}{1} = \frac{y+8}{2} = \frac{z-3}{-3}.$$

Se quisermos encontrar as equações reduzidas na variável x, vamos separar em duas equações:

$$\frac{x}{1} = \frac{y+8}{2} \quad \text{e} \quad \frac{x}{1} = \frac{z-3}{-3},$$

e então, em cada uma delas, aplicando meios pelos extremos, obteremos as equações $y = 2x - 8$ e $z = -3x + 3$.

3.2 Ângulo entre retas

Assim como trabalhamos com a ideia de ângulo entre vetores, é esperado que também nos perguntemos sobre o ângulo entre as retas. É possível trabalhar com tal conceito? A resposta é sim, e através disso será possível classificar as posições relativas entre duas retas. A saber, classificá-las como paralelas, coincidentes, concorrentes ou reversas.

Observe a figura abaixo, em que temos duas retas, e conseguimos visualizar o ângulo entre elas.

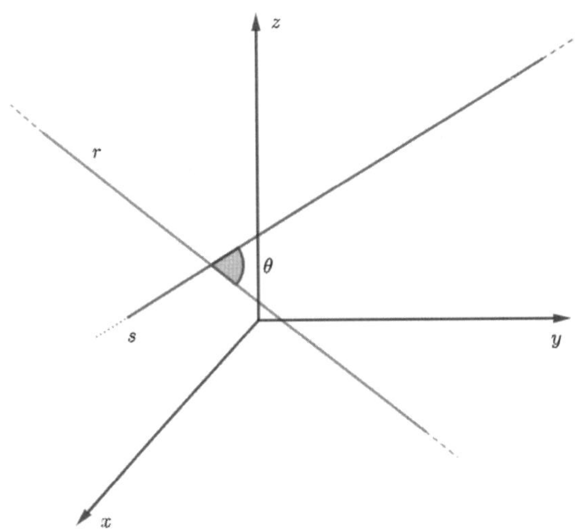

Figura 3.3: Ângulo entre duas retas

Mas como faremos para estudar o ângulo entre elas? Como determinar a posição relativa entre as retas? Perguntas como essas serão respondidas logo mais.

- **Como encontrar ângulos entre retas?**

O procedimento é análogo ao de encontrar ângulos em vetores. Aqui será necessário encontrar os vetores diretores de cada reta estudada e, após isso, calcular o ângulo entre eles. Supondo que $\vec{v}_r$ e $\vec{v}_s$ são os vetores diretores, respectivamente, das retas r e s, o ângulo entre tais retas será dado por:

$$\boxed{(r,s) = (\vec{v_r}, \vec{v_s}) = \frac{|\vec{v_r} \cdot \vec{v_s}|}{|\vec{v_r}||\vec{v_s}|}} \quad (3.6)$$

É importante lembrar que o ângulo é a menor região formada entre as retas. Sendo assim, se θ é o ângulo entre duas retas, então $0 \leq \theta \leq \frac{\pi}{2}$.

Agora que já sabemos encontrar o ângulo entre as retas, como interpretá-lo?

- **Como, através do ângulo, identificar a posição relativa entre duas retas?**

Se o ângulo encontrado for $0°$ teremos retas coincidentes ou paralelas. O que irá diferenciar será o fato de ter ou não pontos de interseção. É fácil imaginar que se for possível encontrar um ponto de interseção entre elas, nas condições que estamos analisando, todos os outros pontos também coincidirão; logo serão retas coincidentes. E, caso não sejam encontrados pontos de interseção, as retas serão paralelas.

- **E quando o ângulo entre as retas for diferente de $0°$?**

Neste caso as retas serão caracterizadas como concorrentes (têm um ponto em comum) ou reversas (não possuem interseção). Podendo ainda ser caracterizadas como perpendiculares ou ortogonais. Novamente, para caracterizar será necessário analisar o ângulo entre as retas, e se existem pontos de interseção entre elas. Ressalta-se que, para diferenciar o conceito de retas ortogonais e retas perpendiculares, é necessário verificar se existe ponto de interseção; além disso, o ângulo entre as retas deverá ser igual a $90°$. Se as retas se cruzam (e isso será em um único ponto), diremos que elas são perpendiculares. Formando um ângulo reto entre as retas, mas sem ponto de interseção, são chamadas de ortogonais.

- **Como saber se existem e como encontrar ponto(s) de interseção entre duas retas?**

Podemos tomar as equações paramétricas de cada uma das retas, e, considerando que o ponto $P(x, y, z)$ pertença às duas retas, deveremos igualá-las. Como para cada reta teremos um parâmetro, chegaremos à resolução de um sistema linear com duas variáveis (os parâmetros) e três equações. Após a resolução do sistema linear descobriremos os parâmetros e, então, basta substituir o valor encontrado na equação, com o respectivo parâmetro.

- **Como determinar que as retas são ortogonais ou perpendiculares?**

Já estudamos como encontrar o ângulo entre vetores e, além disso, que para saber se teremos um ângulo reto bastava analisar o produto interno entre os vetores, e este teria que resultar em valor nulo. Sendo assim, para determinar se duas retas são ortogonais ou perpendiculares, o primeiro passo é calcular o produto interno entre os vetores diretores das retas. Sendo nulo, buscamos a existência de um ponto de interseção para diferenciar entre ortogonais e perpendiculares, como já citamos acima. Observe que retas perpendiculares são ortogonais, mas a recíproca não necessariamente é verdadeira.

- **Dadas duas retas não paralelas, digamos r_1 e r_2, como encontrar algebricamente uma nova reta, r, que seja ortogonal às retas r_1 e r_2, simultaneamente?**

Já sabemos que uma maneira de construir a equação de uma reta é através de um ponto e de um vetor diretor. Logo, sabendo que a reta r passa por um dado ponto, basta definir o vetor diretor dela, digamos $\vec{v}$, como sendo o produto vetorial dos vetores diretores das retas r_1 e r_2, digamos $\vec{v_1}$ e $\vec{v_2}$, respectivamente. Isto é, $\vec{v} = \vec{v_1} \times \vec{v_2}$, pois, das propriedades do produto vetorial, o vetor obtido formará tanto um ângulo reto com $\vec{v_1}$ quanto com o vetor $\vec{v_2}$.

3.3 Exercícios propostos

Exercício 11. Dados os pontos $A(1, 2, 3)$ e $B(0, 1, -2)$, e sendo r a reta que passa por A e B, determine:

a. A equação vetorial da reta r ;

b. A equação paramétrica da reta r;

c. As equações reduzidas da reta r na variável x;

d. Dois pontos C e D que pertençam a reta r.

Exercício 12. Encontre o ponto de interseção, caso exista, entre as retas $r_1 : (x, y, z) = (-3, 0, 0) + t(3, 0, 1)$ e $r_2 : (x, y, z) = (-1, 0, 0) + s(1, 0, 4)$, onde t e $s \in \mathbb{R}$.

Exercício 13. Classifique as retas, quanto a posição relativa, em paralelas, coincidentes, concorrentes ou reversas.

a. $r_1 : x = 1;\ y = t;\ z = 1$ e $r_2 : x = s;\ y = 0,\ z = 1;$

b. $r_1 : x - 3 = \dfrac{z-2}{7},\ y = 4$ e $r_2 : \dfrac{x-6}{2} = \dfrac{z-4}{14},\ y = 8;$

c. $r_1 : \begin{cases} x = 1 + 3t \\ y = 2 + 5t \\ z = 2 + 7t \end{cases}$ e $r_2 : \begin{cases} x = 7 + 6s \\ y = 12 + 10s \\ z = 6 + 14s \end{cases}$

Exercício 14. Determine a equação da reta que passa pela origem e é perpendicular às retas

$$r : \begin{cases} x = 2 + t \\ y = 3 + 5t \\ z = 5 + 6t \end{cases} \quad \text{e} \quad s : (x, y, z) = (1, 0, -7) + s(3, 1, 2).$$

Exercício 15. Sejam os pontos $A(-1, 0, 1)$ e $B(5, 2, 1)$. Determine:

a. A equação da reta r que passa pelos pontos A e B;

b. A equação da reta s que passa pelo ponto $C(1,-1,2)$ e pelo ponto médio do segmento AB;

c. O ângulo formado entre as retas r e s.

Capítulo 4

O plano

Neste capítulo estaremos interessados em definir o que entenderemos por *plano*. Podemos lembrar da definição que nos foi dada nos primeiros anos de escola, quando, na maioria dos casos, ele era definido como sendo o conjunto de retas. Sendo assim, podemos imaginar o esboço geométrico de um plano como sendo o "pedaço" de uma folha de papel (se desprezássemos a espessura da folha), como o quadro da sala ou como uma parede da sua casa. É interessante que tenhamos um referencial, pois facilitará na interpretação no estudo de planos. Embora saibamos que essa representação seja infinita, podemos esboçar geometricamente como:

Figura 4.1: O plano

4.1 As equações do plano

Assim como foi feito no capítulo anterior para o estudo da reta, apresentaremos as formas de representação da equação de um plano. A saber, é possível determinar algebricamente através de: um ponto e um vetor, um ponto e dois vetores ou ainda por três pontos não colineares.

Para começarmos, suponhamos um ponto $A(x_0, y_0, z_0) \in \mathbb{R}^3$ pertencente a um plano π, como na figura abaixo, e um vetor normal (ortogonal) ao plano, digamos, $\vec{n} = (a, b, c)$.

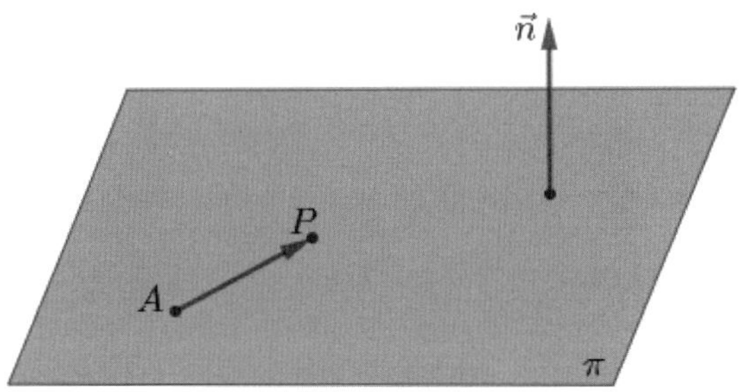

Figura 4.2

O que queremos encontrar é uma condição para que um ponto $P(x, y, z)$ pertença ao plano. **Isto é, o que é necessário para** $P \in \pi$ **?**

Note que, como os pontos A e P pertencem ao plano π, então o vetor formado por eles, digamos, $\overrightarrow{AP}$, também pertencerá. Assim, se $\vec{n} \perp \pi$, então $\vec{n} \perp \overrightarrow{AP}$.
Porém, dizer que $\vec{n} \perp \overrightarrow{AP}$ é o mesmo que dizer que o produto interno entre eles é nulo. Em símbolos,

$$\vec{n} \cdot \overrightarrow{AP} = 0. \tag{4.1}$$

Logo, como $\overrightarrow{AP} = P - A = (x - x_0, y - y_0, z - z_0)$, e substituindo na equação acima, temos:

$$(a, b, c) \cdot (x - x_0, y - y_0, z - z_0) = 0 \Leftrightarrow a(x - x_0) + b(y - y_0) + c(z - z_0) = 0.$$

Desenvolvendo, encontraremos:

$$ax + by + cz + (-ax_0 - by_0 - cz_0) = 0.$$

Observe que o resultado das operações aritméticas na expressão acima, entre parênteses, é igual a um escalar; pois a, b, c, x_0, y_0 e z_0 são escalares. Logo, podemos definir um escalar d tal que $d = -ax_0 - by_0 - cz_0$, e teremos a **equação geral ou normal do plano**:

$$\boxed{\pi : \ ax + by + cz + d = 0} \tag{4.2}$$

Vamos para algumas perguntas...

- **Dada uma equação do plano, como encontrar as coordenadas do vetor normal?**

Basta observar que na equação geral do plano

$$ax + by + cz + d = 0,$$

os coeficientes das variáveis x, y, e z, nesta ordem, são as coordenadas do vetor normal ao plano.

- **Como construir a equação geral de um plano a partir de um ponto e de um vetor normal?**

O processo é análogo ao que apresentamos; porém você deve estar se perguntando como encontrar a variável d. Ora, note que o ponto $P(x, y, z)$ pode ser substituído por qualquer ponto que esteja no plano. Assim, você pode utilizar o ponto que você já tem na questão. Portanto, você já terá em mãos o ponto (que serão suas coordenadas x, y e z), o vetor normal (que será substituído nos coeficientes a, b e c); e só restará encontrar a variável

d, que é agora o único termo desconhecido da equação (4.2), e que você encontrará ao substituir as coordenadas do ponto e do vetor normal.

Para que a ideia fique mais clara, observe o seguinte exemplo:

Exemplo 12. Encontre a equação geral de um plano π que contém o ponto $A(1,-1,1)$ e é perpendicular ao vetor $\vec{n} = (3,-2,1)$.

Solução: *De acordo com a equação (4.2), substituindo o ponto e o vetor normal, encontramos:*

$$1.(3) + (-1).(-2) + 1.(1) + d = 0.$$

Logo, o valor do parâmetro d é igual a -6. *Portanto, a equação geral do plano* π *será dada por:*

$$3x - 2y + z - 6 = 0.$$

- **Com base na equação geral do plano, como saber se um ponto pertence ao plano? E como encontrar novos pontos que pertencem ao plano?**

Dado um ponto qualquer $B \in \mathbb{R}^3$, para saber se este pertence ou não ao plano estudado, basta verificar se satisfaz a igualdade $ax+by+cz+d = 0$. Para exemplificar, seja o ponto $B(0,-2,2)$. Tomando a equação do plano construída no exemplo acima, $3x-2y+z-6 = 0$, e substituindo as coordenadas do ponto B, temos:

$$3.(0) - 2.(-2) + 1.2 - 6 = 0 \quad \Leftrightarrow \quad 0 = 0.$$

Indicando que $B \in \pi$. Se a igualdade não fosse válida, diríamos que o ponto não pertenceria ao plano.

Para encontrarmos novos pontos no plano, basta atribuir valores a duas das coordenadas e encontraremos a terceira. Por exemplo, se tomarmos $x = 1$, $y = 2$ e substituirmos na equação $3x - 2y + z - 6 = 0$, encontraremos $z = 7$. Assim, o ponto $C(1,2,7) \in \pi$.

Encontraremos agora a equação de um plano dado através de um ponto e dois vetores não paralelos. Seja $A = (x_0, y_0, z_0)$ um ponto do plano π e $\vec{u} = (a_1, b_1, c_1)$ e $\vec{v} = (a_2, b_2, c_2)$ vetores não paralelos entre si, mas paralelos ao plano π. Como mostra a figura:

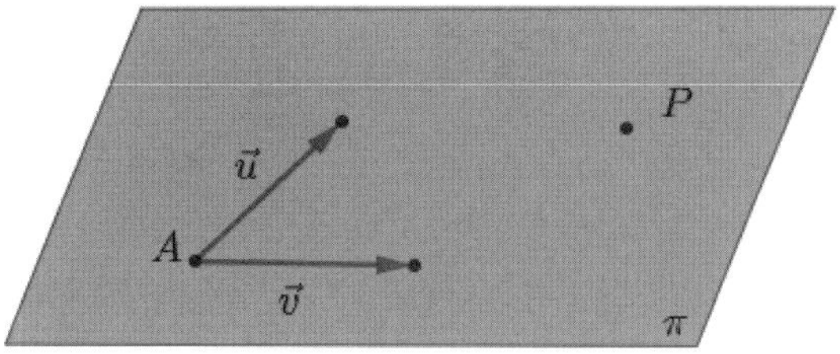

Figura 4.3

Queremos encontrar a representação algébrica do plano, para que seja possível determinar uma condição para que um ponto $P(x, y, z)$ pertença ao plano. Note que é possível construir o vetor $\overrightarrow{AP}$, utilizando os vetores $\vec{u}$ e $\vec{v}$, como $\overrightarrow{AP} = t\vec{u} + h\vec{v}$, onde t e h são parâmetros reais, como mostra a figura abaixo.

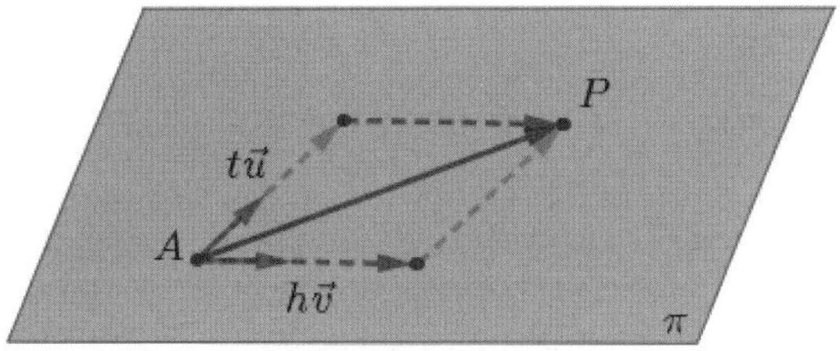

Figura 4.4

Como já sabemos, $\overrightarrow{AP} = P - A = (x - x_0, y - y_0, z - z_0)$, e assim teremos $P = A + t\vec{u} + h\vec{v}$, que nos leva à equação:

$$\boxed{(x, y, z) = (x_0, y_0, z_0) + t(a_1, b_1, c_1) + h(a_2, b_2, c_2)} \tag{4.3}$$

A equação (4.3) é dita equação vetorial do plano π, sendo os vetores $\vec{u}$ e $\vec{v}$ chamados de vetores diretores do plano.

Desenvolvendo a equação vetorial (4.3), chegaremos à igualdade:

$$(x, y, z) = (x_0 + ta_1 + ha_2, y_0 + tb_1 + hb_2, z_0 + tc_1 + hc_2),$$

e, assim,

$$\begin{cases} x = x_0 + ta_1 + ha_2 \\ y = y_0 + tb_1 + hb_2 \\ z = z_0 + tc_1 + hc_2 \end{cases} \tag{4.4}$$

As equações acima são chamadas **equações paramétricas** do plano π.

Observação: O plano dado na equação (4.4) também poderá ser escrito na forma

$$\pi : (x_0 + ta_1 + ha_2, y_0 + tb_1 + hb_2, z_0 + tc_1 + hc_2).$$

- **Como, a partir das equações paramétricas do plano, encontrar pontos que pertençam ao plano?**

Note que temos dois parâmetros reais nas equações, e eles são únicos para cada linha. Portanto, para cada par de parâmetros, t e h, que tomarmos no sistema de equações em (4.4), teremos um novo ponto do plano, e este ponto é único.

- **É possível construir as equações paramétricas de um plano a partir da equação geral do plano?**

Sim. Já vimos que, a partir de uma equação geral do plano, podemos encontrar novos pontos no plano. Logo, conseguiremos encontrar dois vetores não paralelos entre si. Logo, como para a construção das equações paramétricas do plano basta ter conhecimento de um ponto e dois vetores paralelos ao plano e não paralelos entre si, podemos encontrar as equações paramétricas através de uma equação geral do plano.

- **E a recíproca é verdadeira? Ou seja, é possível, a partir das equações paramétricas, obter a equação geral do plano?**

É necessário lembrar que para a construção da equação geral de um plano precisamos ter um ponto e um vetor ortogonal. Como estamos com as equações paramétricas, e temos dois vetores paralelos ao plano, digamos, $\vec{u}$ e $\vec{v}$, basta que consigamos um terceiro vetor que seja ortogonal tanto ao vetor $\vec{u}$ quanto ao vetor $\vec{v}$. E assim, lembrando do produto vetorial entre vetores, o nosso problema será resolvido definindo um novo vetor $\vec{n} = \vec{u} \times \vec{v}$, pois este será também ortogonal ao plano. E, portanto, basta aplicar o vetor $\vec{n}$ e um ponto na equação (4.2).

E se tivermos três pontos não colineares, digamos, $A, B, C \in \mathbb{R}^3$, qual condição seria necessária para que um ponto $P(x, y, z)$ pertença ao plano e como construir a equação do plano?

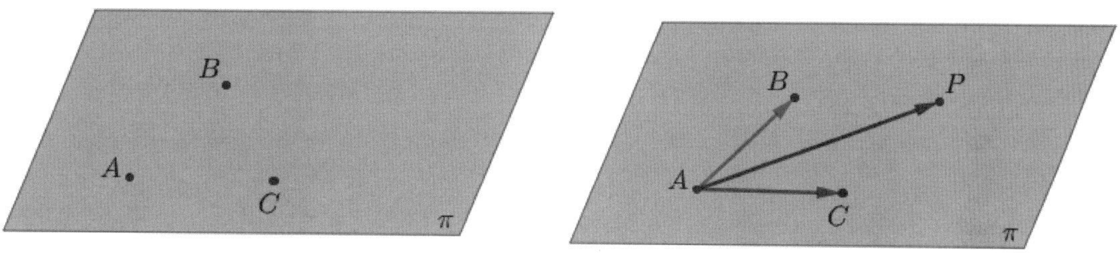

Figura 4.5

Observe que com dois pontos sempre poderemos construir um vetor. Sendo assim, podemos ter os vetores $\overrightarrow{AB}$, $\overrightarrow{AC}$ e $\overrightarrow{AP}$, que são coplanares. Ora, do estudo feito em produto misto entre vetores, sabemos que o produto misto entre vetores que estão no mesmo plano, isto é, vetores coplanares, é nulo. Assim,

$$[\overrightarrow{AB}, \overrightarrow{AC}, \overrightarrow{AP}] = 0$$

Logo, supondo $A(x_0, y_0, z_0)$, $\overrightarrow{AB} = (a_1, b_1, c_1)$ e $\overrightarrow{AC} = (a_2, b_2, c_2)$, teremos o determinante a seguir:

$$\begin{vmatrix} x-x_0 & y-y_0 & z-z_0 \\ a_1 & b_1 & c_1 \\ a_2 & b_2 & c_2 \end{vmatrix} = 0. \tag{4.5}$$

O resultado do determinante acima nos dará a equação geral do plano π.

(**Observação:** Note que as coordenadas a_1, b_1, c_1 e a_2, b_2, c_2 dependem dos pontos dados.)

Exemplo 13. Determine as equações geral e paramétricas do plano π que contém os pontos $A(3,0,1)$, $B(2,1,2)$ e $C(0,-1,3)$.

Solução: *Inicialmente, é necessário encontrarmos dois vetores paralelos ao plano π, visto que possuímos apenas três pontos. Feito isto, temos:*

$$\overrightarrow{AB} = B - A = (-1,1,1)$$
$$\overrightarrow{AC} = C - A = (-3,-1,2)$$
$$\overrightarrow{AP} = P - A = (x-3, y, z-1)$$

Como apresentamos acima, os vetores construídos são coplanares. Assim,

$$\begin{vmatrix} x-3 & y & z-1 \\ -1 & 1 & 1 \\ -3 & -1 & 2 \end{vmatrix} = 0.$$

Resolvendo o determinante, encontramos a equação geral do plano, dada por:

$$\boxed{\pi : 3x - y + 4z - 13 = 0.}$$

Agora, precisamos estabelecer as equações paramétricas do plano π. Lembremos que, para isso, é necessário termos pelo menos um ponto e dois vetores. E perceba que já conseguimos isso na construção da equação geral do plano. Sendo assim, podemos escolher o ponto $B(2,1,2)$ e os vetores $\overrightarrow{AB} = (-1,1,1)$ e $\overrightarrow{AC} = (-3,-1,2)$, e teremos:

$$\begin{cases} x = 2 - t_1 + -3h \\ y = 1 + t - h \\ z = 2 + t + 2h \end{cases}$$

com t e h parâmetros reais.

Observe que poderíamos ter tomado qualquer ponto que pertença ao plano e qualquer vetor construído a partir de pontos do plano. Nessas condições, ficamos livres para fazer a escolha.

4.2 Ângulo entre planos

Para iniciarmos, imaginemos dois planos, digamos, α e π. Para facilitar a interpretação geométrica, podemos imaginar um plano como sendo uma porta aberta e a parede como sendo o outro plano.

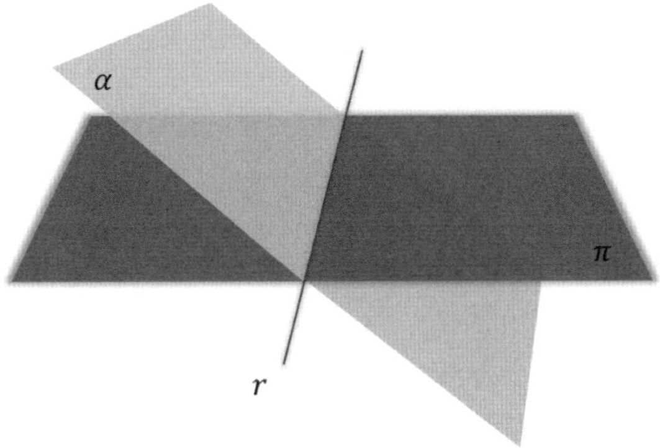

Figura 4.6: Ângulo entre dois planos

É fácil ver que é possível encontrar um ângulo entre eles. Nosso questionamento é: *como encontrar tais ângulos?*

Para isso, olhando para os vetores normais, em cada um dos planos, é possível perceber que encontrar o ângulo entre os planos, será o mesmo que encontrar o ângulo entre os vetores normais dos planos.

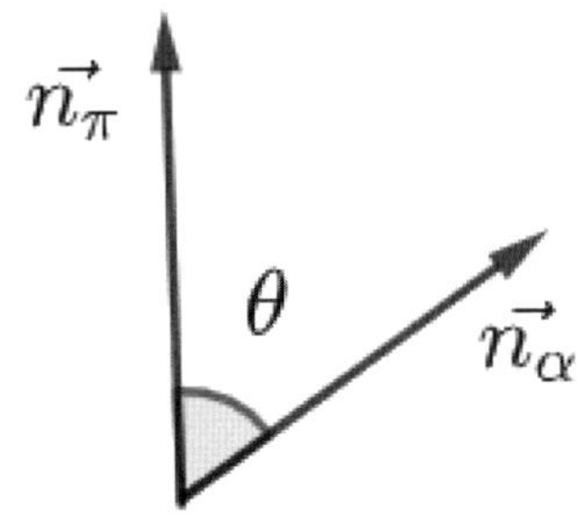

Figura 4.7: Ângulo entre vetores normais dos planos

E, já sabemos encontrar o ângulo entre vetores. Sendo assim,

$$\boxed{\cos\theta = \frac{|\vec{n_\pi} \cdot \vec{n_\alpha}|}{|\vec{n_\pi}||\vec{n_\alpha}|} \Leftrightarrow \theta = arccos\Big(\frac{|\vec{n_\pi} \cdot \vec{n_\alpha}|}{|\vec{n_\pi}||\vec{n_\alpha}|}\Big),} \tag{4.6}$$

onde $0 \leq \theta \leq \frac{\pi}{2}$.

Sendo assim,

- **Conhecidos dois planos, o que devemos fazer para determinar o ângulo entre eles?**

O primeiro passo é encontrar o vetor normal de cada plano. Se a equação de um dos planos (ou dos dois) dados já estiver na equação normal, é fácil identificar. Caso contrário, se for apresentada em sua forma o vetorial ou paramétrica, será necessário encontrar um vetor ortogonal a cada plano. E isso pode ser feito calculando o produto vetorial entre dois vetores coplanares. Observe que tal processo deve ser feito para cada plano. Após conhecidos os vetores normais dos planos, utiliza-se a fórmula que expomos acima.

Veja o exemplo a seguir.

Exemplo 14. Vamos calcular o ângulo entre os planos $\pi : x + y - 4 = 0$ e $\alpha : (2 - h + 2t, h + t, t)$, com t e $h \in \mathbb{R}$.

Solução: *Observe que para o plano* π *o vetor normal é dado por* $\vec{n_\pi} = (1, 1, 0)$, *enquanto que no plano* α, *como está na forma paramétrica, só podemos identificar dois vetores coplanares, que são* $\vec{u} = (-1, 1, 0)$ *e* $\vec{v} = (2, 1, 1)$. *Com isto, podemos definir* $\vec{n_\alpha} = \vec{u} \times \vec{v}$, *que é facilmente encontrado como sendo* $\vec{n_\alpha} = (1, 1, -3)$.

Daí, calculando o produto interno entre os vetores normais dos planos e a norma de cada um deles, podemos substituir na expressão (4.6) e descobrir o ângulo.

- **Como identificar que dois planos são perpendiculares, isto é, que formam um ângulo reto entre si?**

É necessário que o ângulo entre os vetores normais dos planos seja de $90°$. E, lembrando do produto interno entre vetores, isto irá acontecer quando o produto interno entre eles for nulo. Portanto, basta calcular o produto interno, e este terá que resultar em zero. Caso contrário, não teremos planos perpendiculares entre si.

- **É possível, a partir de uma relação entre o vetor diretor de um reta r, $\vec{v}$, e o vetor normal $\vec{n_\pi}$ de um plano π, identificar relações de perpendicularismo ou paralelismo entre a reta e o plano?**

Observe as figuras a seguir:

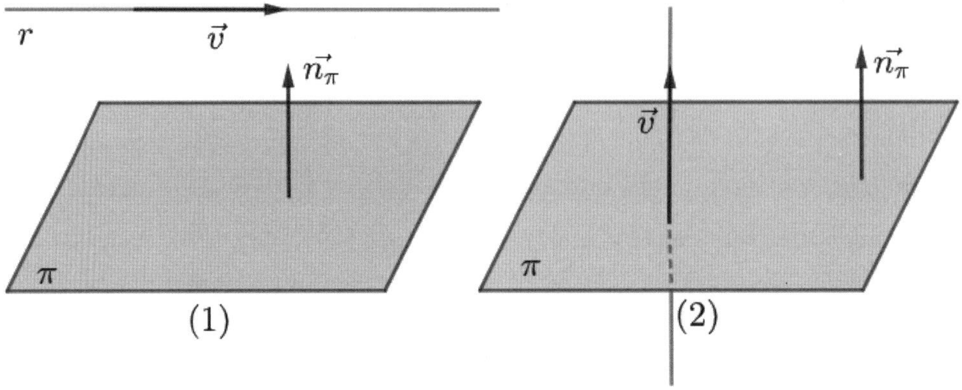

Figura 4.8

Na primeira figura, temos uma reta r paralela ao plano π, enquanto na segunda temos que a reta é perpendicular ao plano.

Note que, se compararmos o vetor diretor da reta, $\vec{v}$, e o vetor normal do plano, $\vec{n_\pi}$, teremos $\vec{v} \perp \vec{n_\pi}$, na figura (1) , e $\vec{v} \parallel \vec{n_\pi}$, na figura (2).

Essa relação entre os vetores pode ajudar na construção da equação de planos e retas, a partir da interpretação geométrica.

Observação: Caso dois pontos de uma reta pertençam a um plano, podemos garantir que a reta está contida no plano. Tente enxergar geometricamente.

Exemplo 15. Determinar a equação de uma reta que passa pelo ponto $A(1, 0, 0)$ e é perpendicular ao plano $\pi : 5x + 2y - 4z - 1 = 0$.

Solução: *Queremos encontrar a equação de uma reta que, geometricamente, se comporte como:*

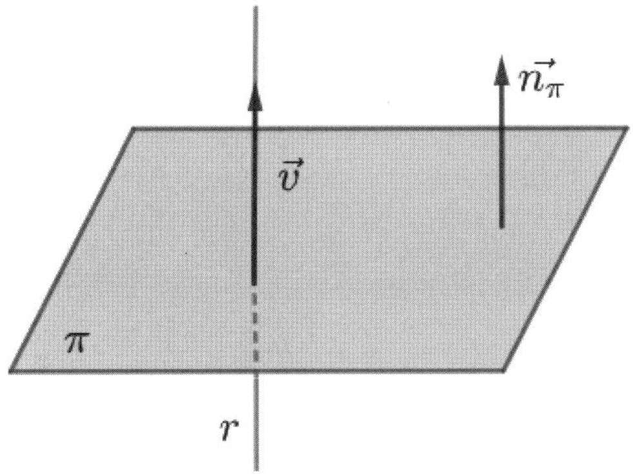

Figura 4.9

Já sabemos que uma das formas de deduzir a equação de uma reta é através de um ponto e um vetor diretor. Ora, já temos um ponto na reta, $A(1,0,0)$, e agora o que precisamos é de um vetor que dê a direção da reta, de forma que ela se torne perpendicular ao plano π. Sendo assim, basta que tomemos o vetor diretor da reta como sendo igual ao vetor normal do plano, $\vec{v} = \vec{n_\pi} = (5,2,-4)$, e assim, da equação vetorial da reta (3.2):

$$r : (x, y, z) = (1, 0, 0) + t(5, 2, -4).$$

4.3 Interseção

Quando pensamos em interseção no plano, podemos tanto imaginar situações de interseção entre planos como entre plano e reta.

4.3.1 Interseção entre dois planos

Vamos supor dois planos não paralelos, digamos, π e α.

Agora, faremos a interseção dos dois. Note que, se pensarmos como duas regiões planas, do nosso cotidiano, é fácil ver que a interseção entre eles será uma reta. Como está representado na figura 4.10.

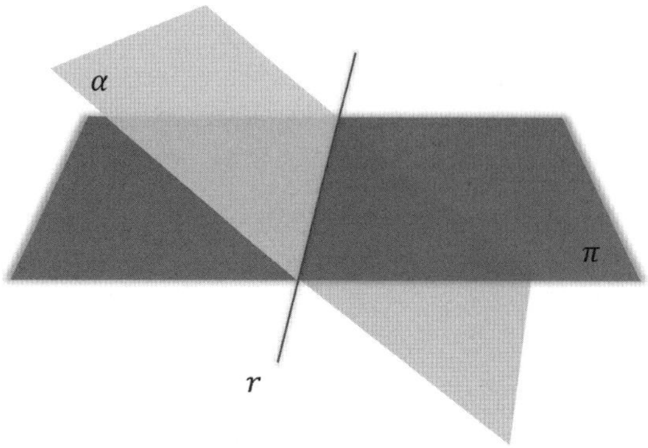

Figura 4.10: Interseção entre dois planos

Embora seja imediato, ressaltamos que sempre será possível encontrar interseção entre planos, desde que os planos sejam não paralelos.

- **Mas como podemos encontrar a equação da reta, dada pela interseção entre os dois planos não paralelos?**

Neste caso, como sabemos que a reta está na interseção dos dois planos, e isto significa que a reta pertence a ambos os planos, então, com o auxílio das equações dos planos, é necessário resolver um sistema de duas equações e três variáveis. E é fácil notar que o sistema terá infinitas soluções, já que duas das três variáveis ficarão na dependência de outra.

Para exemplificar:

Exemplo 16. Determine a equação da reta que é dada pela interseção dos planos $\pi : x + y + z + 1 = 0$ e $\alpha : 2x + 3y + z = 0$.

Como já citamos, teremos que resolver um sistema de equações:

$$\begin{cases} x + y + z = -1 \\ 2x + 3y + z = 0 \end{cases} \tag{4.7}$$

Aplicando algum método de resolução de sistemas, aqui aplicaremos o método da adição, obteremos as equações $x = 1 - 2y$ *e* $z = -2 + y$*. Note que isso nos dá uma infinidade* *de pontos, pois estamos na dependência da variável $y \in \mathbb{R}$. Sendo assim, obtemos as equações reduzidas da reta r, na variável y:*

$$\begin{cases} x = 1 - 2y \\ z = -2 + y \end{cases} \tag{4.8}$$

com $y \in \mathbb{R}$.

Observe ainda que, utilizando o estudo feito no capítulo anterior, poderíamos escrever a equação da reta na sua forma simétrica,

$$\frac{x-1}{-2} = y = z + 2, \tag{4.9}$$

ou em sua forma paramétrica

$$\begin{cases} x = 1 - 2t \\ y = t \\ z = -2 + t \end{cases} \tag{4.10}$$

Vale observar que a forma como resolvemos o exercício anterior não é única. Outra maneira seria igualando a zero uma das coordenadas ($x = 0$, por exemplo) e encontraríamos as duas outras, o que geraria um ponto. E, dessa maneira, seria possível encontrar dois pontos que pertencem à reta. Daí, como já sabemos, com dois pontos podemos construir a equação de uma reta. Ou ainda encontrar um ponto e um vetor diretor da reta. Neste caso, é necessário definir o vetor diretor da reta como sendo o produto vetorial dos vetores normais ao plano.

4.3.2 Interseção entre um plano e uma reta

Inicialmente, precisamos refletir sobre as posições relativas entre planos e reta.

Notemos que, se a reta for paralela ao plano, não haverá interseção. Enquanto, se ela estiver contida no plano, a interseção será a própria reta. Além disso, no caso em que a reta é concorrente ao plano, observamos que a interseção entre a reta e o plano será um único ponto, e ainda o ângulo entre eles estará entre $0°$ e $180°$.

Neste caso,

- **Como faremos para encontrar um ponto de interseção entre a reta r e um plano π?**

É fácil perceber que um ponto $A(x, y, z) \in r$ só pertencerá ao plano π se satisfizer a equação do plano, quando substituído. Assim como fazemos para identificar se um ponto pertence ou não a um dado plano. Sendo assim, é necessário que, conhecida a equação da reta, apliquemos a equação da reta na equação do plano para, em seguida, resolver uma equação ou um sistema de equações. Mas vale lembrar que as equações da reta e do plano podem ser dadas de diversas maneiras, e isso influenciará no processo.

Por exemplo:

Exemplo 17. Encontre a interseção da reta $r : (x, y, z) = (-1, 5, 3) + t(2, 3, -1),\ t \in \mathbb{R}$ com o plano $\pi : 2x - y + 3z = 4$.

Solução: *Observe que, de acordo com a equação da reta,* $x = -1 + 2t$, $y = 5 + 3t$ *e* $z = 3 - t$. *Como buscamos o ponto de interseção entre a reta e o plano, então, as coordenadas do ponto* $I(x, y, z)$ *são iguais, tanto na reta quanto no plano. Isto é, podemos substituir as equações* $x = -1 + 2t$, $y = 5 + 3t$ *e* $z = 3 - t$ *nas coordenadas* (x, y, z) *da equação do plano. Logo,*

$$2(-1 + 2t) - (5 + 3t) + 3(3 - t) = 4.$$

Perceba que, resolvendo a equação acima, teremos o valor para o parâmetro $t = 1$. *Agora, basta voltar a equação da reta e substituí-lo, encontrando* $I(-3, 2, 4)$ *como o ponto de interseção.*

Embora existam outras formas em que possam aparecer os problemas de interseção entre reta e plano, o que não podemos esquecer é que, para que um ponto pertença à interseção, é necessário que satisfaça as duas equações, tanto da reta quanto do plano. O que, em alguns casos, pode gerar a resolução de um sistema de equações.

- **Em quais casos a interseção entre planos ou entre reta e o plano será vazia?**

Em resumo, a interseção será vazia quando tivermos dois planos paralelos ou uma reta paralela a um plano.

- **É possível encontrar a interseção entre três planos?**

Sim. Para isto deveremos observar o produto misto entre os três vetores normais dos planos. No caso em que o produto misto entre eles for diferente de zero, haverá um único ponto de interseção entre eles. E este será encontrado ao resolvermos um sistema linear com as equações dos planos. Caso contrário, poderemos ter uma reta como interseção, ou não existir interseção entre os planos. Perceba que tudo dependerá da classificação do sistema linear.

4.4 Distâncias

Em muitos casos é necessário encontrar distâncias entre pontos, entre pontos e retas, entre retas, retas e planos ou entre planos. Todas essas podem ser encontradas com recursos estabelecidos entre produtos de vetores. Vejamos:

- **Como encontrar a distância entre dois pontos?**

Para isto, suponhamos os pontos $A(x_0, y_0, z_0)$ e $B(x_1, y_1, z_1)$. A distância entre A e B, denotada por $d(A,\ B)$, será dada pela raiz quadrada da soma dos quadrados das diferenças entre as coordenadas dos pontos A e B, isto é:

$$d(A,\ B) = \sqrt{(x_1 - x_0)^2 + (y_1 - y_0)^2 + (z_1 - z_0)^2}. \tag{4.11}$$

- **Como encontrar a distância entre um ponto e uma reta?**

Sejam r uma reta, $A \in r$ e P um ponto fora da reta.

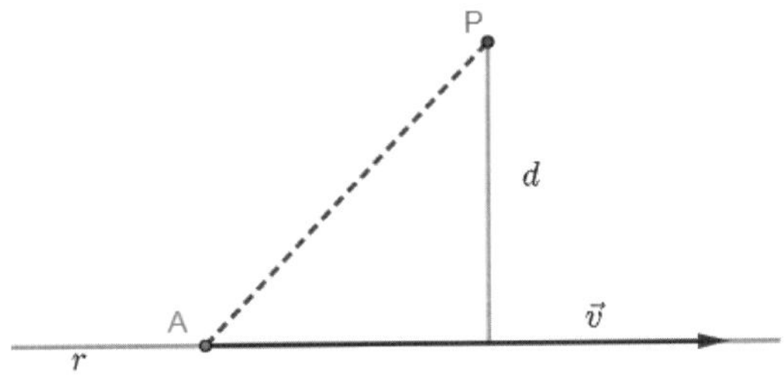

Figura 4.11

A distância d entre o ponto $P \in \mathbb{R}^3$ e a reta r, $d(P,\ r)$, será obtida através do cálculo da área do paralelogramo formado pelo vetor diretor da reta r e pelo vetor $\overrightarrow{AP}$, pois já sabemos que a área deste paralelogramo é dada por

$$|\overrightarrow{AP} \times \vec{v}\ | = d.|\vec{v}| \Longleftrightarrow d = \frac{|\overrightarrow{AP} \times \vec{v}|}{|\vec{v}|}. \tag{4.12}$$

- **Como encontrar a distância entre um ponto e um plano?**

Seja a equação de um plano $\pi : ax + by + cz + d = 0$ e $P(x_0, y_0, z_0)$ um ponto fora do plano π. A distância entre P e π será dada por:

$$d(P, \pi) = \frac{|ax_0 + by_0 + cz_0 + d|}{\sqrt{a^2 + b^2 + c^2}}, \tag{4.13}$$

onde $\vec{n} = (a, b, c)$ é o vetor normal do plano π.

- **Como encontrar a distância entre duas retas?**

Aqui é necessário dividirmos em alguns casos. Suponhamos duas retas r e s.

Se as retas forem *paralelas*, encontrar a distância entre elas é o mesmo que encontrar a distância entre pontos que pertencem a elas, isto é, se $S \in s$ e $R \in r$, então

$$d(r, s) = d(S, R). \tag{4.14}$$

Portanto, é o mesmo que encontrar a distância entre dois pontos.

Se as retas r e s forem *concorrentes*, teremos $d(r,s) = 0$.

Já no caso em que as retas forem *reversas*, a distância será dada por:

$$d(r,s) = \frac{|[\vec{u}, \vec{v}, \overrightarrow{RS}]|}{|\vec{u} \times \vec{v}|}, \tag{4.15}$$

onde $\vec{u}$ e $\vec{v}$ são, respectivamente, os vetores diretores das retas r e s, e $R \in r$, $S \in s$.

- **Como encontrar a distância entre dois planos?**

Nos casos em que os planos são coincidentes ou concorrentes, a distância é claramente zero. Agora consideremos os planos π e α, com os pontos $A \in \pi$ e $B \in \alpha$. Se os planos forem paralelos e não coincidentes, teremos que

$$d(\pi, \alpha) = d(A, \alpha) = d(B, \pi), \tag{4.16}$$

que recai em um caso de distância entre um ponto e um plano, o qual já foi trabalhado.

Observe que, quando estamos trabalhando com distância, precisamos saber a posição relativa, seja entre retas, entre planos ou entre ponto e reta.

4.5 Exercícios propostos

Exercício 16. Determine a equação geral e um sistema de equações paramétricas para o plano nos itens a seguir.

a. Plano dado pelos pontos $A(1,0,2)$, $B(-1,2,-1)$ e $C(1,1,-1)$;

b. Plano paralelo ao plano $\pi : 2x - 3y - z + 5 = 0$ e que contém o ponto $A(4,2,1)$.

Exercício 17. Escreva a equação do plano π que passa pelo ponto $P(3,0,4)$ e é perpendicular aos planos $2x - y - z = 0$ e $x + 3y - z + 12 = 0$.

Exercício 18. Determine uma parametrização para o plano $\pi : 2x + y - 3z - 4 = 0$.

Exercício 19. Encontre a distância entre os planos $\pi_1 : x + y + z - 4 = 0$ e $\pi_2 : 2x + 2y + 2z - 5 = 0$.

Exercício 20. Determine o ponto de interseção e o ângulo entre a reta $r : (x, y, z) = (0, 1, 0) + t(3, -2, -1)$ e o plano $\alpha : 2x + 3y - 2z - 7 = 0$.

Capítulo 5

Cônicas

Inúmeras atividades presentes no nosso cotidiano podem ser exemplos do uso, mesmo que inconsciente, das cônicas. Seja na análise de um simples lançamento de uma bola em um jogo de futebol, na observação de antenas que transmitem sinais de televisão, telefone ou internet, que seriam representações de trajetórias parabólicas, ou até mesmo em situações um pouco mais rebuscadas, como estudos mais específicos na astronomia, observando a trajetória dos asteroides e cometas, que podem descrever trajetórias hiperbólicas ou elípticas.

Circunferência, elipse, hipérbole e parábola serão as **cônicas** que estudaremos neste capítulo. Podemos visualizar essas quatro cônicas por meio de "cortes" feitos por um plano que intersecta a superfície de um cone duplo de revolução, conforme mostrado na figura a seguir.

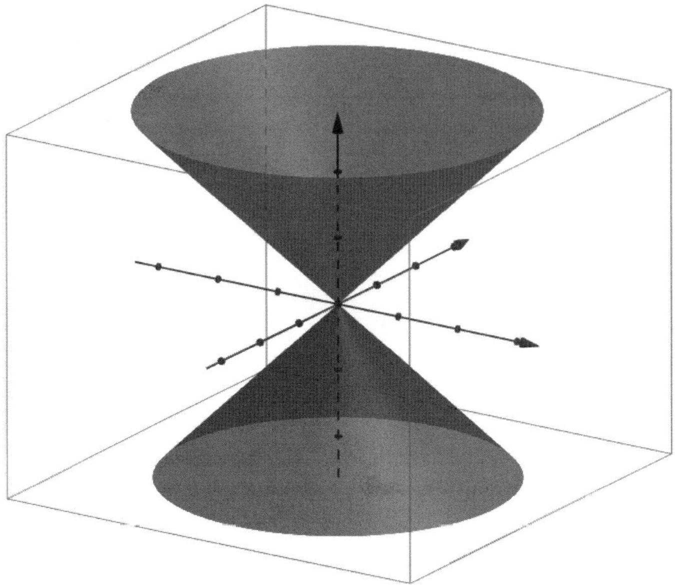

Figura 5.1: Superfície cônica

Note que o plano pode intersectar o cone duplo de revolução (o qual também chamaremos de superfície cônica) de formas distintas, e, a depender do ângulo de inclinação, do plano com a geratriz do cone duplo de revolução, teremos diferentes cônicas. Que definimos como sendo o lugar geométrico do plano que surgiu após feita a interseção.

Neste capítulo abordaremos as equações que caracterizam diferentes cônicas, discutindo suas características, bem como a apresentação de suas equações geral e reduzida e a representação geométrica de cada uma.

De maneira geral, uma *cônica* é definida pela equação

$$\boxed{Ax^2 + Bxy + Cy^2 + Dx + Ey + F = 0} \tag{5.1}$$

onde A, B, C, D, E, e $F \in \mathbb{R}$ e $A, B,$ e C não podem ser simultaneamente nulos. Ou seja, uma cônica é o lugar geométrico formado pelo conjunto dos pares ordenados

$(x, y) \in \mathbb{R}^2$ que satisfazem a equação (5.1). E, a depender dos valores adotados pelos coeficientes, teremos cada uma das cônicas que estudaremos a seguir.

5.1 Circunferência

Começaremos a análise considerando a interseção de um plano paralelo com a base da superfície cônica,[1] conforme mostrado na figura abaixo. Vemos que o "corte" feito gerará uma região circular, e a chamaremos de circunferência.

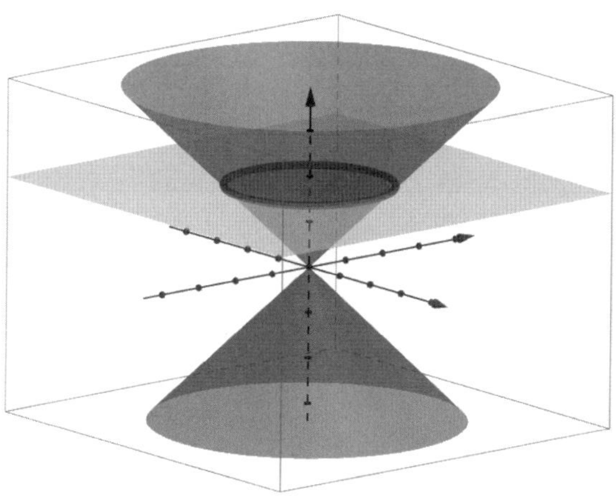

Figura 5.2: A circunferência

Apresentaremos agora a definição da equação desta cônica. Para isso, consideremos um ponto $P(x, y) \in \mathbb{R}^2$ arbitrário. Uma **circunferência** é definida como o conjunto de todos os pontos de um plano cuja distância a um ponto fixo, $O(x_0, y_0)$, desse plano, é igual a uma constante, não nula, dada. Utilizando o formalismo matemático, podemos escrever

$$d(P, O) = r, \ r \in \mathbb{R}.$$

[1]De outra maneira, podemos encarar como a interseção com um plano perpendicular ao eixo da superfície cônica.

Como já sabemos calcular a distância entre dois pontos, temos:

$$d(P,\ O) = \sqrt{(x - x_0)^2 + (y - y_0)^2} = r,$$

e, assim, a equação da circunferência é dada por:

$$\boxed{C:\ (x - x_0)^2 + (y - y_0)^2 = r^2.} \tag{5.2}$$

Aqui, r representa o *raio* da circunferência e o ponto fixo $O(x_0,\ y_0)$ será o *centro*. E assim diremos que a equação (5.2) é a *equação reduzida da circunferência de centro O e raio r.*

Além disso, desenvolvendo a equação (5.2), obteremos a equação geral, que se enquadrará na equação (5.1).

Note que, para a construção da equação de uma circunferência, só precisamos conhecer um ponto fixo (centro) e uma medida que determinará a "abertura" da circunferência, que será o raio.

- **Dado um ponto qualquer $A(x,\ y) \in \mathbb{R}^2$, como saber se ele pertence a uma dada circunferência $C:\ (x - x_0)^2 + (y - y_0)^2 = r^2$, de raio r e centro $(x_0,\ y_0)$?**

Se um ponto $A(x, y)$ pertence à circunferência descrita pela equação dada, tal ponto deverá satisfazer a igualdade na referida equação. Sendo assim, basta substituir as coordenadas do ponto na equação da circunferência dada e verificar se satisfaz a igualdade.

Exemplo 18. Determinar a equação reduzida da circunferência C de centro $(1, 2)$ e raio $\sqrt{2}$, e verificar se os pontos $P(0, 1)$, $P_1(2, 2)$ e $P_2(2, 4) \in C$.

Solução: *Da equação (5.2), substituindo as coordenadas do centro e o raio, teremos:*

$$C:\ (x - 1)^2 + (y - 2)^2 = \left(\sqrt{2}\right)^2 \ \Rightarrow\ (x - 1)^2 + (y - 2)^2 = 2.$$

Agora que já conhecemos a equação da circunferência C, para saber se o ponto $P(0, 1)$ pertence a ela, substituiremos na equação encontrada. Vejamos:

$$(x-1)^2 + (y-2)^2 = 2 \Rightarrow (0-1)^2 + (1-2)^2 = (-1)^2 + (-1)^2 = 2,$$

como queríamos encontrar.

Queremos agora saber se os pontos $P_1(2, 2)$ e $P_2(2, 4) \in C$. O processo é análogo, bastando substituir na equação da circunferência encontrada. Temos:

$$(2-1)^2 + (2-2)^2 = 1^2 + 0^2 = 1 \neq 2,$$

e

$$(2-1)^2 + (4-2)^2 = 1^2 + 2^2 = 5 \neq 2.$$

Logo os pontos $P_1(2, 2)$ e $P_2(2, 4)$ não pertencem à circunferência.

Observação: Note ainda que podemos afirmar que o ponto $P_1(2, 2)$ pertence à região delimitada pela circunferência (isto é, seria um ponto interior a circunferência), já que, ao substituirmos na equação, encontramos como resultado 1, que é menor do que o raio 2. E, da mesma forma, encontramos que o ponto $P_2(2, 4)$ é um ponto externo à circunferência, visto que encontramos 5 como resultado, e este é maior que 2, como mostra a figura abaixo.

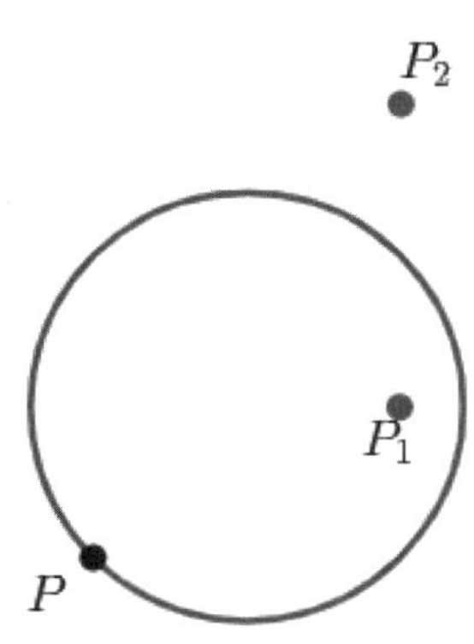

Figura 5.3

Observe que no exemplo acima representamos algebricamente a equação reduzida da circunferência, mas, como citamos no início do capítulo, toda cônica é representada em sua forma geral dada pela equação (5.1). E, para chegarmos à equação geral da circunferência, basta desenvolver os quadrados da equação reduzida. Por exemplo:

Exemplo 19. No exemplo anterior a equação reduzida da circunferência foi dada por

$$(x-1)^2+(y-2)^2=2,$$

e, desenvolvendo os termos, encontraremos

$$x^2-2x+y^2-4y+3=0.$$

- **Se a equação da circunferência for dada em sua forma geral, como transformar para a forma reduzida?**

Imaginemos a equação de uma circunferência de centro $(x_0,\ y_0)$ e raio r. Em sua forma geral, seria dada por

$$Ax^2+Cy^2+Dx+Ey+F=0.$$

Nosso questionamento é como transformar essa equação em sua forma reduzida

$$(x-x_0)^2+(y-y_0)^2=r.$$

Nesses casos teremos que aplicar o método de completamento de quadrados; isto é, transformar, na nossa equação geral, os termos na variável x e na variável y em quadrados perfeitos.

Perceba que um quadrado perfeito é da forma $(a\pm b)^2=a^2\pm 2a.b+b^2$. Então é preciso fazer aparecer os termos que faltam para completar o quadrado perfeito. Como não podemos alterar o resultado, se acrescentarmos certa quantidade (para completar o quadrado), teremos que compensar com a subtração do elemento simétrico. Assim, se, por exemplo, acrescentarmos 25 para completar um quadrado, teremos que subtrair 25 para "equilibrar". Ou, se queremos transformar a expressão $a^2 + a\,b + b^2$ em um quadrado perfeito, teremos que somar a quantidade ab na expressão imediatamente anterior. Mas, se fizermos isso, estaremos alterando a expressão. Assim, para "equilibrar", temos que subtrair a quantidade ab. Agregando as etapas que acabamos de mencionar, teremos $a^2 + a\,b + b^2 = \left[a^2 + (a\,b + \mathbf{ab}) + b^2\right] - \mathbf{ab} = \left[(a + b)^2\right] - a\,b$.".

Ora, na prática, se eu somo 25 e subtraio 25 no mesmo membro da equação, não estou somando valor algum na equação, concorda? Em outras palavras, temos que garantir que estamos "somando zero" à expressão.

Para simplificar, observe a equação

$$x^2 - 2x + y^2 - 4y + 3 = 0,$$

que já sabemos que representa uma circunferência de raio $\sqrt{2}$ e de centro $(1,\ 2)$.

Inicialmente, vamos separar os termos que dependem da variável x e os termos que dependem da variável y, e em cada caso fazer o completamento de quadrados. Note que

$$x^2 - 2x = (x^2 - 2x) + (1^2 - 1^2).$$

Concorda? Daí,

$$x^2 - 2x = (x^2 - 2.1.x) + (1^2 - 1^2) = (x^2 - 2x + 1) - 1 = (x - 1)^2 - 1.$$

Agora, de modo análogo, aplicamos nos termos de variável y,

$$y^2 - 4y = (y^2 - 2.2y) + (2^2 - 2^2) = (y^2 - 4y + 4) - 4 = (y - 2)^2 - 4.$$

Assim, a equação

$$x^2 - 2x + y^2 - 4y + 3 = (x-1)^2 - 1 + (y-2)^2 - 4 + 3 = (x-1)^2 + (y-2)^2 - 2 = 0.$$

Implicando

$$(x-1)^2 + (y-2)^2 = 2,$$

que é a equação reduzida da circunferência.

5.2 Elipse

Consideremos, agora, que a superfície cônica seja intersectada por um plano não paralelo a uma das geratrizes e que, além disso, corte apenas uma das folhas da superfície cônica, conforme mostrado na figura abaixo:

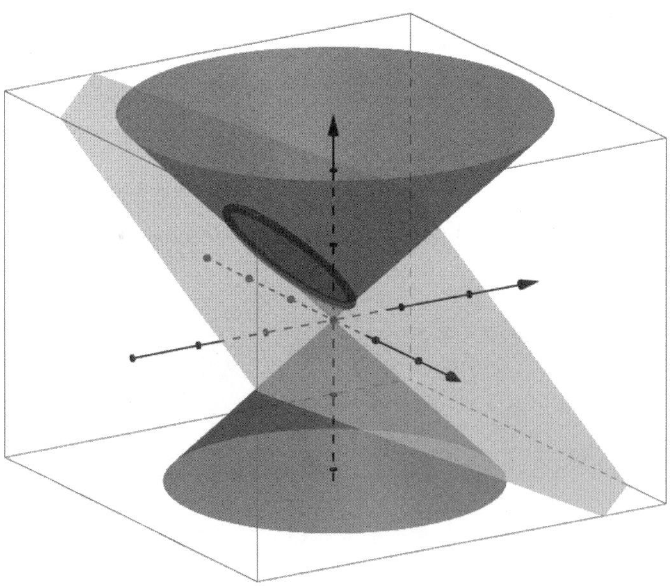

Figura 5.4: A elipse

A região que representa a interseção entre o plano (inclinado) e o cone é a cônica chamada de elipse. Sendo assim, a **elipse** representa o lugar geométrico que é dado pelo conjunto de todos os pontos $P(x, y) \in \mathbb{R}^2$ tal que a soma das distâncias de P a dois pontos fixos, digamos, F_1 e F_2, é uma constante; isto é:

$$d(P, F_1) + d(P, F_2) = constante.$$

Se assumirmos que a distância entre os dois pontos fixos é $2c$ e que existe uma constante a tal que $2c < 2a$, podemos reescrever a equação acima como:

$$d(P, F_1) + d(P, F_2) = 2a, \ a > 0.$$

Que representará a elipse

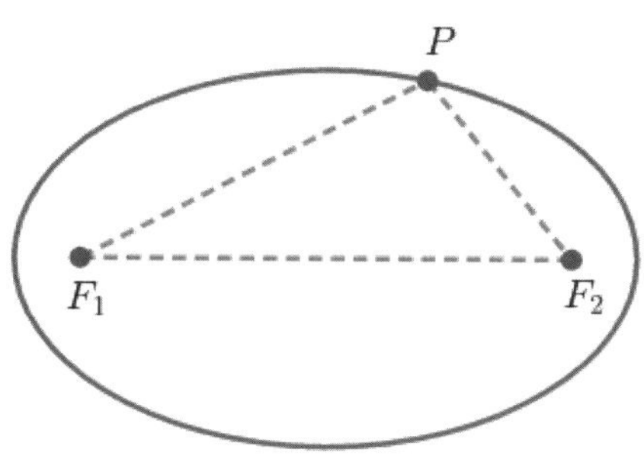

Figura 5.5: Elipse de focos F_1 e F_2

Uma forma lúdica de gerar uma elipse é pegar um fio de comprimento $2a$ e prendê-lo a dois pontos fixos F_1 e F_2 sobre uma folha de papel. Em seguida, com um lápis, estique o fio pela extremidade livre, no ponto P, e com isso você terá um triângulo. Se você "brincar" de arrastar o lápis – movimentando o ponto P e mantendo fixos os pontos F_1 e F_2, conseguirá desenhar a elipse que você vê na figura 5.6.

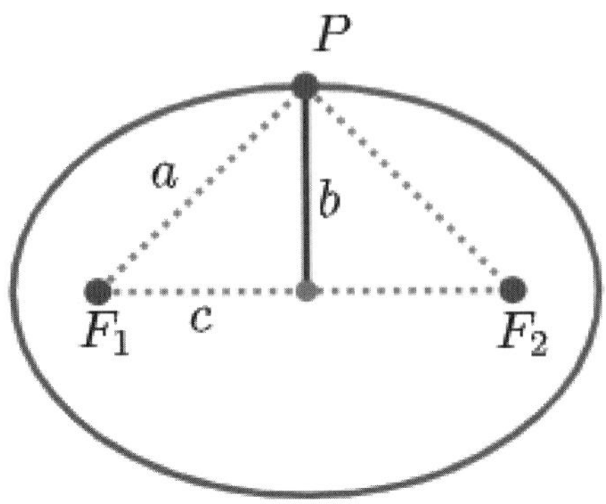

Figura 5.6

Perceba que, na Figura 5.6, teremos um triângulo retângulo, e assim encontramos a relação

$$a^2 = b^2 + c^2.$$

Em uma elipse daremos nomes aos seus elementos, que são de suma importância para a construção e representação dela. Para isso, observe a seguinte elipse:

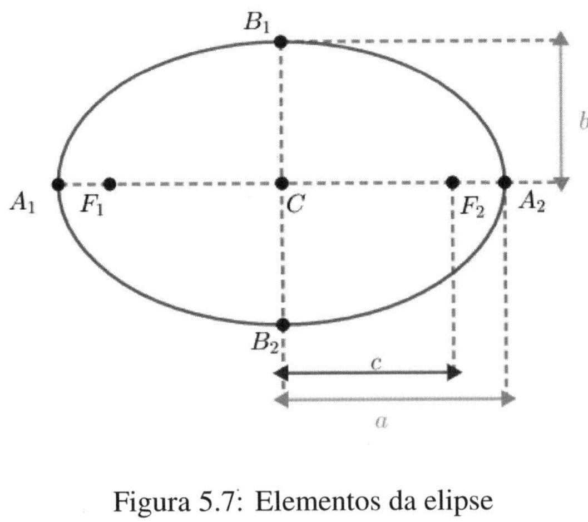

Figura 5.7: Elementos da elipse

Os pontos F_1 eF_2 são chamados **focos**;

Os pontos A_1, A_2, B_1 e B_2 são os **vértices**;

O ponto C será o **centro**;

O segmento $\overline{A_1A_2}$ de comprimento $2a$ será o **eixo maior**;

O segmento $\overline{B_1B_2}$ de comprimento $2b$ será o **eixo menor**;

A distância $d(F_1,\ F_2) = 2c$ será a **distância focal**.

Além desses elementos, podemos definir a **excentricidade** de uma elipse, que será dada por $e = \dfrac{c}{a}$ e representa o quão "achatada" é a elipse. Note que a excentricidade sempre estará no intervalo $(0,\ 1)$ e, quanto mais próximo ao "1", mais achatada será a curva, e quanto mais próximo ao "0" ela será mais arredondada.

Observe que, quando a excentricidade for igual a "0", significa que a elipse será uma circunferência. E, assim, a circunferência pode ser vista como um caso especial da elipse. Observe ainda que o focos sempre estarão sobre o eixo maior, independente da posição da elipse.

5.2.1 A equação da elipse

Como já citamos, a elipse é o conjunto de pontos $P(x,\ y) \in \mathbb{R}^2$ tal que a soma das distâncias a dois pontos fixos, digamos, F_1 e F_2, é uma constante, isto é,

$$d(P,\ F_1) + d(P,\ F_2) = 2a,\ a > 0.$$

Assim, para encontrar uma equação que represente uma elipse é necessário desenvolver a soma das distâncias acima, a partir dos pontos dados.

Para começar, imaginemos uma elipse horizontal, isto é, eixo maior paralelo ao eixo x, e de centro $C(0,0)$.

Claramente os vértices são $A_1(-a,0)$, $A_2(a,0)$, $B_1(0,-b)$ e $B_2(0,b)$ e os focos $F_1(-c,0)$ e $F_2(c,0)$. E assim, aplicando os pontos na equação que define a elipse $d(P,F_1) + d(P,F_2) = 2a$, teremos:

$$\sqrt{(x+c)^2 + (y-0)^2} + \sqrt{(x-c)^2 + (y-0)^2} = 2a$$

$$\sqrt{x^2 + 2xc + c^2 + y^2} = 2a - \sqrt{x^2 - 2xc + c^2 + y^2}.$$

Elevando ambos os lados ao quadrado,

$$(x^2 + 2xc + c^2 + y^2) = 4a^2 + (x^2 - 2xc + c^2 + y^2) - 4a\sqrt{x^2 - 2xc + c^2 + y^2},$$

e organizando os termos:

$$4a\sqrt{x^2 - 2xc + c^2 + y^2} = 4a^2 - 4cx.$$

Dividindo por (4) e elevando novamente ao quadrado ambos os lados,

$$(a^2 - c^2)x^2 + a^2y^2 = a^2(a^2 - c^2).$$

Como sabemos que $a^2 = b^2 + c^2 \Rightarrow b^2 = a^2 - c^2$, temos:

$$b^2x^2 + a^2y^2 = b^2a^2.$$

E agora, dividindo a equação por a^2b^2, encontramos

$$\boxed{\frac{x^2}{a^2} + \frac{y^2}{b^2} = 1} \qquad (5.3)$$

A equação (5.3) acima é a *equação reduzida da elipse centrada em* $(0, 0)$ *e eixo maior sobre ao eixo* x.

No caso em que a elipse tenha centro na origem e *eixo maior sobre o eixo* y, a equação será dada por:

$$\boxed{\frac{x^2}{b^2} + \frac{y^2}{a^2} = 1} \qquad (5.4)$$

- **Dada uma equação da elipse, como diferenciar se ela será horizontal (eixo maior paralelo ao eixo x) ou vertical (eixo maior paralelo ao eixo y)?**

Observando as equações (5.3) e (5.4), basta localizar o "local" onde está a maior medida "a", que representa o eixo maior de uma elipse. Por exemplo, se a medida "a^2" está no denominador da variável x, a elipse será horizontal, enquanto, se estiver no denominador da variável y, ela será vertical.

- **E se a elipse não estivesse centrada na origem? Ou, de outra maneira, se o eixo maior fosse paralelo a um dos eixos coordenados, mas não estivesse sobre eles, como seria a equação reduzida da elipse?**

Neste casos, tomando o centro $C(x_0, y_0)$, desenvolveríamos a equação da mesma forma, observando que as coordenadas dos vértices e focos mudariam, e chegaríamos às equações

$$\boxed{\frac{(x-x_0)^2}{a^2} + \frac{(y-y_0)^2}{b^2} = 1} \tag{5.5}$$

e

$$\boxed{\frac{(x-x_0)^2}{b^2} + \frac{(y-y_0)^2}{a^2} = 1} \tag{5.6}$$

as quais correspondem, respectivamente, à equação reduzida da elipse centrada em (x_0, y_0) e eixo maior paralelo ao eixo x, e à equação reduzida da elipse centrada em (x_0, y_0) e eixo maior paralelo ao eixo y.

- **Quais dados serão necessários para a construção da equação de uma elipse?**

Aqui não existe regra para a construção de equação reduzida da elipse, mas é necessário que os dados da questão sejam úteis e auxiliem na determinação dos vértices, focos e centro. A representação geométrica dos pontos no plano cartesiano também ajudará na visualização da elipse e, consequentemente, na construção da equação reduzida.

Vejamos um exemplo.

Exemplo 20. Encontre a equação da elipse de focos $F_1(-1, 1)$ e $F_2(1, 1)$ e eixo maior medindo $4\sqrt{2}$.

Solução: *Dos dados apresentados o eixo maior mede $4\sqrt{2}$, isto é, $2a = 4\sqrt{2}$, implicando que $a = 2\sqrt{2}$. E, como sabemos, a medida "a" nos dá a distância do centro ao vértice situado no eixo maior.*

Para iniciarmos, considere o centro da elipse como $C(x_0, y_0)$, e observe a distribuição dos pontos, com base no centro, na Figura 5.8

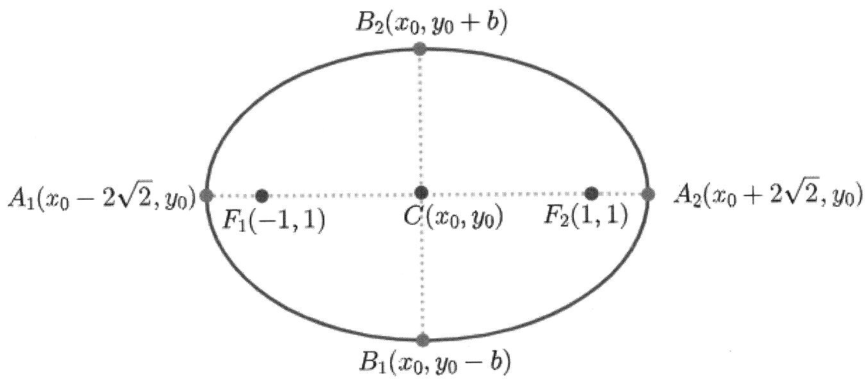

Figura 5.8

Precisamos encontrar os elementos da elipse para depois encontrar a equação.

É sabido que o centro é o ponto médio do segmento $\overline{F_1F_2}$, e claramente teremos $C(0, 1)$, nos dando a medida $c = 1$, como pode ser observado na Figura 5.8. Além disso, olhando para a figura a seguir, encontramos os vértices $A_1(-2\sqrt{2},\ 1)$, $A_2(2\sqrt{2},\ 1)$, $B_1(0,\ 1 - b)$ e $B_2(0,\ 1 + b)$.

Agora é necessário encontrarmos "b". Pela relação que já apresentamos, $b^2 = a^2 - c^2$, temos que $b = \sqrt{7}$. E assim temos os elementos da elipse representados a seguir na Figura 5.9:

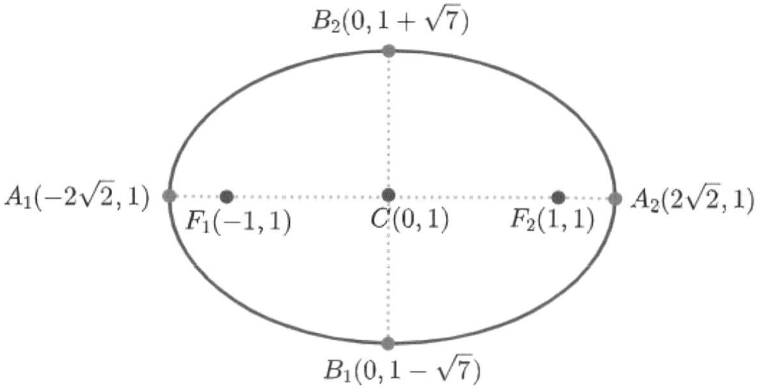

Figura 5.9

Sendo assim, substituindo na equação da elipse horizontal com eixo maior paralelo ao eixo x, temos:

$$\frac{x^2}{(2\sqrt{2})^2} + \frac{(y-1)^2}{(\sqrt{7})^2} = 1 \Leftrightarrow \frac{x^2}{8} + \frac{(y-1)^2}{7} = 1.$$

Observe que, se fosse dada a equação reduzida da elipse e pedidos todos os elementos dela, o processo seria ainda mais fácil, visto que já teríamos as coordenadas do centro, o valor de a e b e, através da relação $a^2 = b^2+c^2$, encontraríamos c. E assim conseguiríamos os vértices, os focos e o esboço geométrico da elipse.
Sempre que possível, tente esboçar a elipse, pois ajudará a determinar as coordenadas dos pontos procurados.

- **E se a equação da elipse fosse dada na forma geral de uma cônica, como transformar na equação reduzida?**

Assim como foi feito para o caso da equação da circunferência, aqui também será preciso utilizar o método do completamento dos quadrados. Tomemos um exemplo para deixar a ideia mais clara.

Exemplo 21. Encontre a equação reduzida da elipse $3x^2+y^2+6x+6y+9=0$ e determine os vértices, focos e excentricidade.

Solução: *Utilizando o método de completamento de quadrados, temos:*

$$3x^2+6x=3(x^2+2.1x)=3\left[(x+1)^2-1\right]=3(x+1)^2-3,$$

e

$$y^2+6y=y^2+2.3y+3^2-3^2=(y+3)^2-9.$$

Assim, na equação $3x^2+y^2+6x+6y+9=0$, *teremos:*

$$3(x+1)^2-3+(y+3)^2-9+9=0 \Leftrightarrow 3(x+1)^2+(y+3)^2=3.$$

Dividindo toda equação por "3", temos a equação da elipse em sua forma reduzida

$$\frac{(x+1)^2}{1}+\frac{(y+3)^2}{3}=1.$$

Sendo possível reconhecer que a elipse tem eixo maior paralelo ao eixo y, centro $(-1,-3)$, $a=\sqrt{3}$ *e* $b=1$.

Utilizando a relação $a^2=b^2+c^2$, *obtemos* $c=\sqrt{2}$. *Assim, podemos construir, a partir das coordenadas do centro e dos valores de* a, b *e* c, *as coordenadas dos vértices e focos. Como a elipse tem eixo maior paralelo ao eixo coordenado* y, *já que* a^2 *é o denominador do termo* $(y-y_0)^2$, *temos os vértices e focos:*

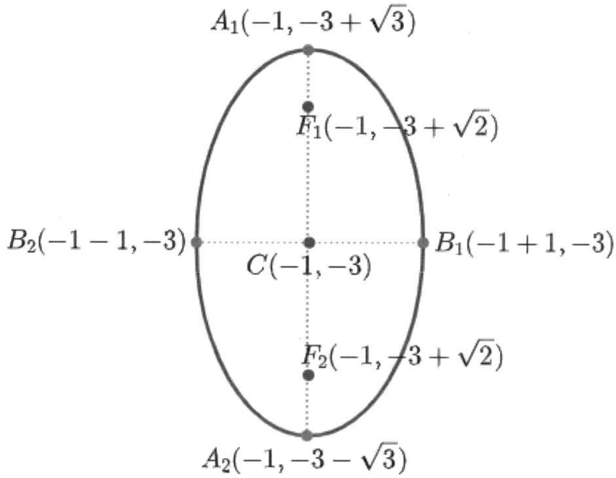

Figura 5.10

E terá como excentricidade:

$$e = \frac{c}{a} = \frac{\sqrt{2}}{\sqrt{3}}.$$

Observação: As equações reduzidas da elipse podem ainda ser escritas na forma de equações paramétricas. Aqui vamos expor, sem fazer uso dos cálculos, as equações reduzidas e suas respectivas equações paramétricas.

Caso 1: Seja a elipse de centro $C(x_0, y_0)$, com eixo maior paralelo ao eixo x, e equação

$$\frac{(x-x_0)^2}{a^2} + \frac{(y-y_0)^2}{b^2} = 1,$$

teremos que as equações paramétricas serão dadas como:

$$\begin{cases} x = x_0 + a\cos\theta \\ y = y_0 + b\sin\theta \end{cases}$$

com $0 \leq \theta \leq 2\pi$.

Caso 2: Seja a elipse de centro $C(x_0, y_0)$, com eixo maior paralelo ao eixo y, e equação

$$\frac{(x-x_0)^2}{b^2} + \frac{(y-y_0)^2}{a^2} = 1,$$

teremos que as equações paramétricas serão:

$$\begin{cases} x = x_0 + b\cos\theta \\ y = y_0 + a\sin\theta\ \theta \end{cases}$$

com $0 \leq \theta \leq 2\pi$.

5.3 Hipérbole

A próxima cônica que estudaremos será a *hipérbole*; que, geometricamente, pode ser obtida através da interseção de um plano, paralelo ao eixo da superfície, com a superfície cônica, de modo que "corte as duas partes" da superfície, isto é, o plano corta as duas "folhas" do cone duplo e a interseção do plano com cada uma dessas folhas gera a hipérbole. Como mostra a Figura 5.11:

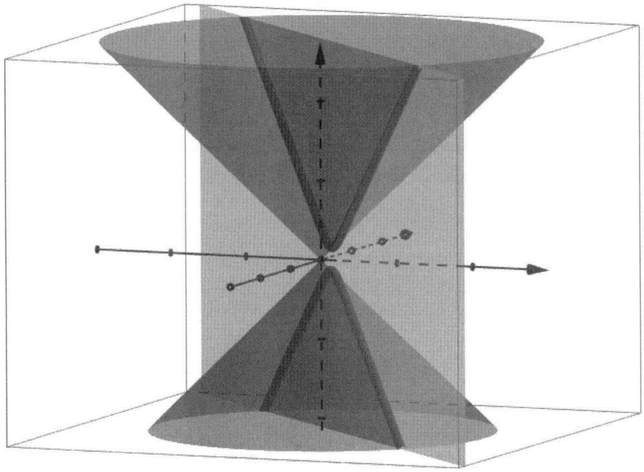

Figura 5.11: A hipérbole

A **hipérbole** é definida como sendo o lugar geométrico formado por todos os pontos $P(x, y) \in \mathbb{R}^2$ tal que o módulo da diferença das distâncias a dois pontos fixos, digamos, F_1 e F_2, seja constante. Em símbolos,

$$|d(P, F_2) - d(P, F_1)| = constante.$$

Tomando a distância entre F_1 e F_2, $d(F_1, F_2)$, igual a $2c$ e sendo $c > a$, com a uma constante positiva, na definição acima, diremos que um ponto $P(x, y)$ pertencerá a hipérbole se, e somente se, satisfizer a condição

$$|d(P, F_2) - d(P, F_1)| = 2a.$$

Geometricamente,

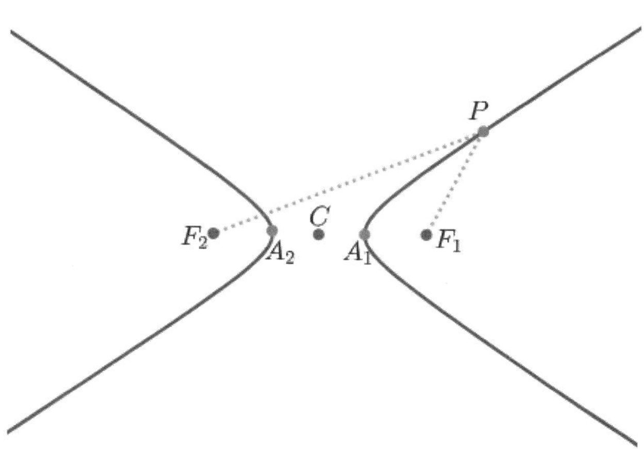

Figura 5.12

Além disso, se criarmos uma circunferência de centro C passando pelos pontos fixos F_1 e F_2, teremos:

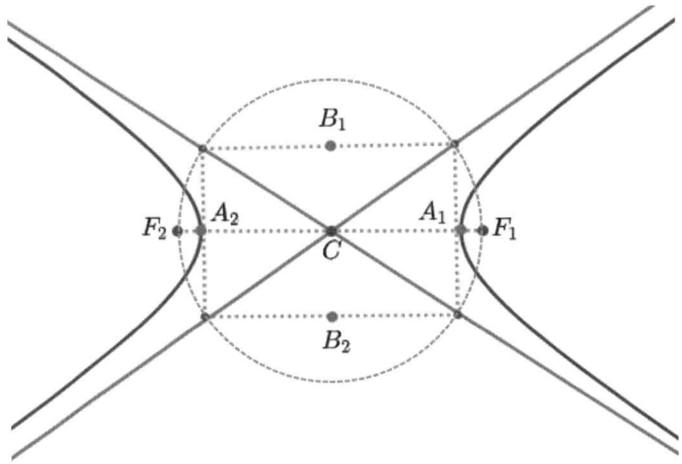

Figura 5.13

Assim, definiremos os elementos de uma hipérbole, e representaremos na figura abaixo:

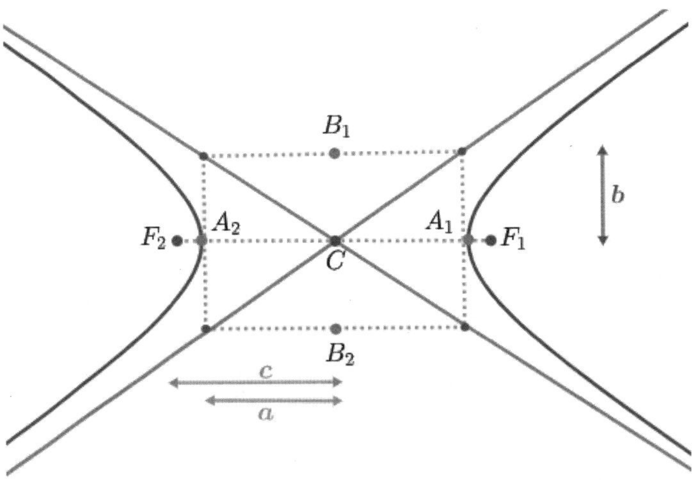

Figura 5.14: Elementos da hipérbole

Os pontos F_1 e F_2 são chamados **focos**;

Os pontos A_1 e A_2 são os **vértices**;

O ponto C será o **centro**;

O segmento $\overline{A_1A_2}$ de comprimento $2a$ será o **eixo real**;

O segmento $\overline{B_1B_2}$ de comprimento $2b$ será o **eixo imaginário**;

A distância $d(F_1, F_2) = 2c$ será a **distância focal**.

A medida $e = \dfrac{c}{a}$ representa a **excentricidade** da hipérbole.

As retas que passam pelo centro e vértice do retângulo são chamadas **assíntotas**.

Podemos ainda, observando a Figura 5.14, obter a relação $c^2 = a^2 + b^2$.

5.3.1 A equação da hipérbole

Para encontrar a equação que representará uma hipérbole é necessário desenvolver a equação

$$|d(P, F_2) - d(P, F_1)| = 2a.$$

O processo é análogo ao que foi feito para obter a equação reduzida de uma elipse. Lembrando que a equação da cônica está intimamente ligada às coordenadas dos seus elementos.

Para o caso em que a hipérbole tem centro $C(x_0, y_0)$ e eixo real paralelo ao eixo coordenado x, a equação reduzida é dada por:

$$\boxed{\frac{(x - x_0)^2}{a^2} - \frac{(y - y_0)^2}{b^2} = 1} \tag{5.7}$$

Sendo o centro $C(x_0, y_0)$ e eixo real paralelo ao eixo coordenado y, a equação ficará:

$$\boxed{\frac{(y - y_0)^2}{a^2} - \frac{(x - x_0)^2}{b^2} = 1} \tag{5.8}$$

Observe que, se o centro estivesse na origem $(0, 0)$, as equações (5.7) e (5.8) seriam dadas, respectivamente, por:

$$\boxed{\frac{x^2}{a^2} - \frac{y^2}{b^2} = 1} \tag{5.9}$$

e

$$\boxed{\frac{y^2}{a^2} - \frac{x^2}{b^2} = 1} \tag{5.10}$$

Observe o exemplo a seguir.

Exemplo 22. Determinar a equação da hipérbole de focos $F_1(-2, 1)$ e $F_2(1, 3)$ e eixo real de comprimento igual a 2.

Solução: *Observe que neste caso só temos os pontos fixos e a medida do eixo real. Logo, não é possível construir a equação reduzida da hipérbole olhando diretamente para as equações que acabamos de expor. Porém, sabemos que, por definição,*

$$|d(P, F_1) - d(P, F_2)| = 2a,$$

e assim, supondo um ponto qualquer $P(x, y) \in \mathbb{R}^2$ pertencente à hipérbole e calculando as distâncias $d(P, F_1)$ e $d(P, F_2)$, temos:

$$|\sqrt{(x+2)^2 + (y-1)^2} - \sqrt{(x-1)^2 + (y-3)^2}| = 2$$

$$\sqrt{(x+2)^2 + (y-1)^2} - \sqrt{(x-1)^2 + (y-3)^2} = \pm 2$$

$$\sqrt{(x+2)^2 + (y-1)^2} = \pm 2 + \sqrt{(x-1)^2 + (y-3)^2}$$

Elevando ambos os lados ao quadrado,

$$(\sqrt{(x+2)^2 + (y-1)^2})^2 = (\pm 2 + \sqrt{(x-1)^2 + (y-3)^2})^2$$

$$(x^2+4x+4)+(y^2-2y+1)=4\pm 4\sqrt{(x-1)^2+(y-3)^2}+(x^2-2x+1)+(y^2-6y+9)$$

$$\pm 4\sqrt{(x-1)^2+(y-3)^2}=6x+4y-9$$

Novamente, elevando ambos os lados ao quadrado e organizando os termos, encontramos

$$20x^2+48xy-80x+24y-79=0,$$

que é a equação geral da hipérbole procurada.

Ainda no exemplo anterior, podemos determinar o centro da hipérbole. Para isso, observe a representação geométrica abaixo:

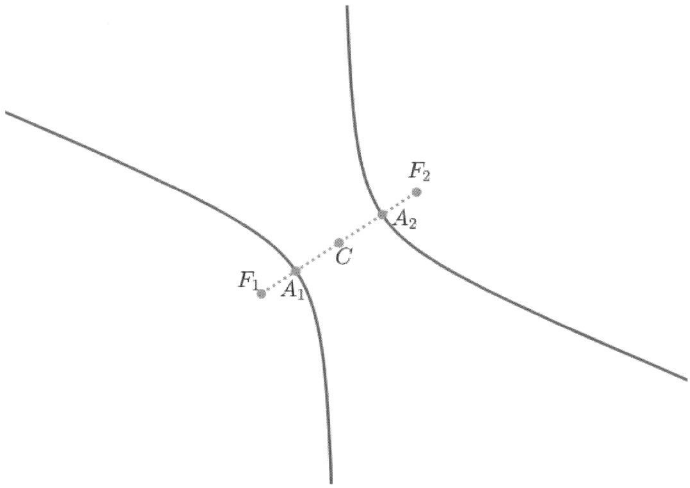

Figura 5.15

Sabemos que o centro $C(x_0,y_0)$ é o ponto médio do segmento que liga os focos F_1 e F_2. E, assim,

$$C(x_0,y_0)=\left(\frac{-2+1}{2},\frac{1+3}{2}\right)=\left(-\frac{1}{2},2\right).$$

Observe que, no exemplo anterior, o eixo real não é paralelo a nenhum dos eixos coordenados, logo não seria possível representar como as equações reduzidas (5.7) ou (5.8).

- **Mas como reconhecer, a partir da equação geral da hipérbole, se ela poderá ser representada em sua forma reduzida?**

Note que na equação do exemplo anterior apareceu um termo xy, e ele é um indicativo de que a hipérbole não terá eixo real paralelo a um dos eixos coordenados. E assim não poderá ser escrita a equação em sua forma reduzida.

- **E se a equação geral da hipérbole aparecer na forma geral de uma cônica** $Ax^2 + By^2 + Dx + Ey + F = 0$?

Nestes casos, será possível a representação da hipérbole em sua forma reduzida e, para obter isto, basta aplicar o método de completamentos de quadrados, como já foi feito para os casos da circunferência e da elipse.

- **Dada uma equação reduzida da hipérbole, como determinar o centro, vértices e focos?**

Suponhamos que a equação seja

$$\frac{(x - x_0)^2}{a^2} - \frac{(y - y_0)^2}{b^2} = 1.$$

Claramente já conseguimos visualizar as coordenadas do centro, o valor numérico de a e de b e, consequentemente, o valor numérico para c. Além disso, identifica-se que a hipérbole tem eixo real paralelo a um dos eixos coordenados. Na nossa equação, teria eixo real paralelo ao eixo x. Então, obtenha os pontos procurados, lembrando que distribuir os pontos no plano cartesiano ajudará neste procedimento.

Vejamos o exemplo que segue.

Exemplo 23. Determine os elementos da hipérbole dada pela equação $\frac{(x-3)^2}{4} - \frac{(y+2)^2}{5} = 1$.

Solução: *De acordo com a equação, já podemos perceber que a hipérbole tem eixo real paralelo ao eixo x e centro* $C(3,-2)$. *Assim, como* $a^2 = 4$ *e* $b^2 = 5$, *encontramos* $a = 2$, $b = \sqrt{5}$ *e* $c = 3$. *Agora, podemos determinar, em coordenadas, os elementos da hipérbole*

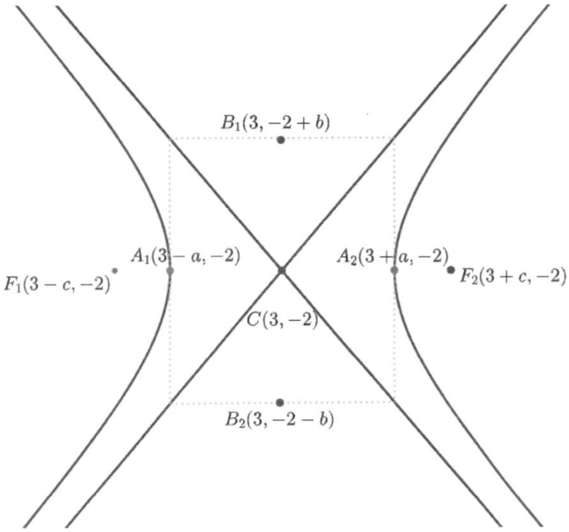

Figura 5.16

Portanto, $A_1(1,-2)$, $A_2(5,-2)$, $B_1(3,-2+\sqrt{5})$, $B_2(3,-2-\sqrt{5})$, $F_1(0,-2)$ e $F_2(6,-2)$. *Podemos ainda determinar a equação das assíntotas. Basta encontrar a equação da reta que passa pelo centro e pelo ponto* $M(5,-2+\sqrt{5})$ *e pelo centro e pelo ponto* $N(5,-2-\sqrt{5})$.

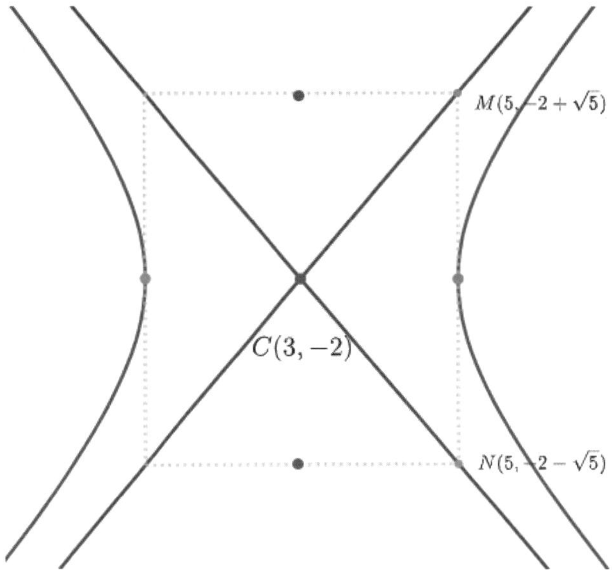

Figura 5.17

Observação: As equações reduzidas da hipérbole podem ainda serem escritas na forma de equações paramétricas. Aqui vamos expor, sem mais delongas, as equações reduzidas e as respectivas equações paramétricas da hipérbole.

Caso 1: Para a hipérbole de centro $C(x_0, y_0)$, com eixo real paralelo ao eixo x, e equação

$$\frac{(x-x_0)^2}{a^2} - \frac{(y-y_0)^2}{b^2} = 1,$$

teremos que as equações paramétrica serão dadas como:

$$\begin{cases} x = x_0 + a\sec\theta \\ y = y_0 + b\tan\theta \end{cases}$$

com $0 \leq \theta \leq 2\pi$ e $\theta \neq \dfrac{\pi}{2}$ e $\dfrac{3\pi}{2}$.

Caso 2: Para a hipérbole de centro $C(x_0, y_0)$, com eixo real paralelo ao eixo y, e equação

$$\frac{(y-y_0)^2}{a^2} - \frac{(x-x_0)^2}{b^2} = 1,$$

teremos que as equações paramétricas serão:

$$\begin{cases} x = x_0 + b\tan\theta \\ y = y_0 + b\sec\theta \end{cases}$$

com $0 \leq \theta \leq 2\pi$ e $\theta \neq \dfrac{\pi}{2}$ e $\dfrac{3\pi}{2}$.

5.4 Parábola

A cônica que surge ao fazer a interseção de um plano inclinado, paralelo à geratriz, como mostra a figura abaixo, com a superfície cônica que estamos trabalhando, é chamada de *parábola*.

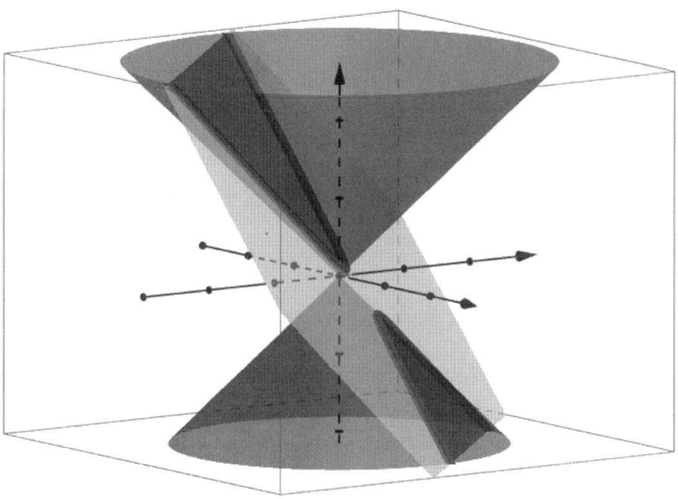

Figura 5.18: A parábola

Por definição, a **parábola** é o lugar geométrico formado pelo conjunto dos pontos $P(x, y) \in \mathbb{R}^2$ tais que a distância do ponto P a um ponto fixo F é igual à distância de P a uma reta fixa r. Ou seja, o ponto P é equidistante do ponto F e da reta fixa r, como mostra a figura.

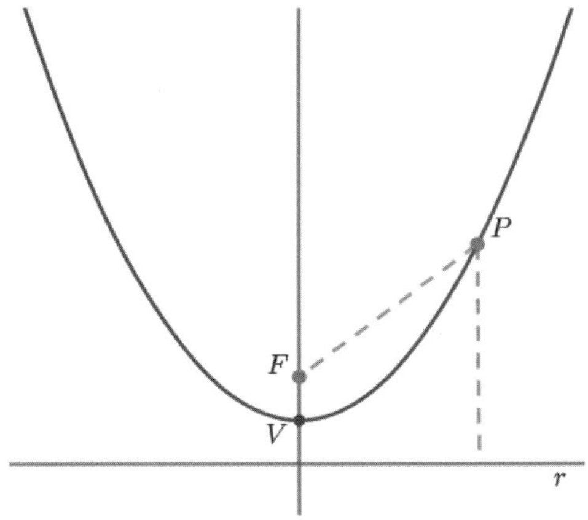

Figura 5.19

O ponto fixo F é chamado **foco** da parábola, o ponto V é o **vértice** e a reta r é dita a **reta diretriz** da parábola. Perceba que a reta que passa pelos pontos F e pelo ponto V é perpendicular à reta diretriz r. Essa reta é chamada de eixo, mais precisamente, **eixo focal ou eixo da parábola**.

Em símbolos, a parábola é definida como os pontos $P(x, y)$ do plano que cumprem

$$d(P, F) = d(P, r).$$

Observação: Lembre que calcular a distância de um ponto P tal que P não pertence a uma reta r é o mesmo que calcular a distância deste ponto a outro ponto que pertença a reta, digamos, $P_1 \in r$. Isto é, $d(P, r) = d(P, P_1)$.

5.4.1 A equação da parábola

A partir de agora estaremos interessados em definir a equação da parábola. Começaremos por encontrar a equação reduzida da parábola que tenha eixo focal sobre o eixo coordenado y e vértice $V(0, 0)$. Seja p a distância do foco F a reta r. Assim sendo, teremos o caso mostrado na figura:

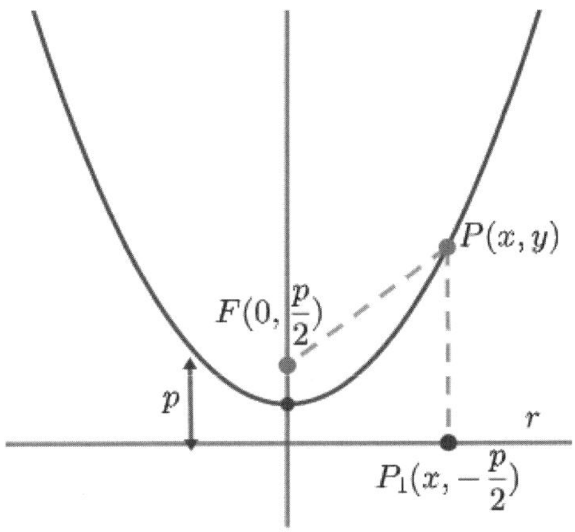

Figura 5.20

Agora, pela definição da parábola,

$$d(P, F) = d(P, r)$$

$$d(P, F) = d(P, P_1)$$

$$\sqrt{(x-0)^2 + (y - \frac{p}{2})^2} = \sqrt{(x-x)^2 + (y + \frac{p}{2})^2}$$

$$x^2 + y^2 - yp + \frac{p^2}{4} = y^2 + yp + \frac{p^2}{4}$$

Organizando os termos, temos

$$\boxed{x^2 = 2py} \qquad (5.11)$$

Observe que as coordenadas do foco F e a reta diretriz r dependem diretamente da posição do vértice da parábola. Logo, se o vértice não estiver sobre a origem do sistema, a equação da parábola com eixo focal paralelo ao eixo y e vértice (x_0, y_0) será dada por:

$$\boxed{(x - x_0)^2 = 2p(y - y_0)} \qquad (5.12)$$

De modo análogo, encontramos a equação reduzida da parábola com vértice no ponto $(0,0)$ e eixo focal sobre o eixo x, que será dada por:

$$\boxed{y^2 = 2px} \tag{5.13}$$

E, se estivermos no caso em que o eixo focal é paralelo ao eixo x, com vértice (x_0, y_0), teremos a equação

$$\boxed{(y - y_0)^2 = 2p(x - x_0)} \tag{5.14}$$

Observe que o sinal do valor numérico de p (parâmetro da parábola) é quem nos dará informações sobre a concavidade da parábola.

Uma maneira bem simples de não esquecer as equações apresentadas acima é lembrar de dois exemplos bastante trabalhados no ensino básico, quando tivemos o primeiro contato com as parábolas. Vejamos...

Exemplo 24. Sejam as parábolas $y = x^2$, $-y = x^2$, $x = y^2$ e $-x = y^2$.
Encontraremos os gráficos das parábolas $y = x^2$ e $-y = x^2$, respectivamente:

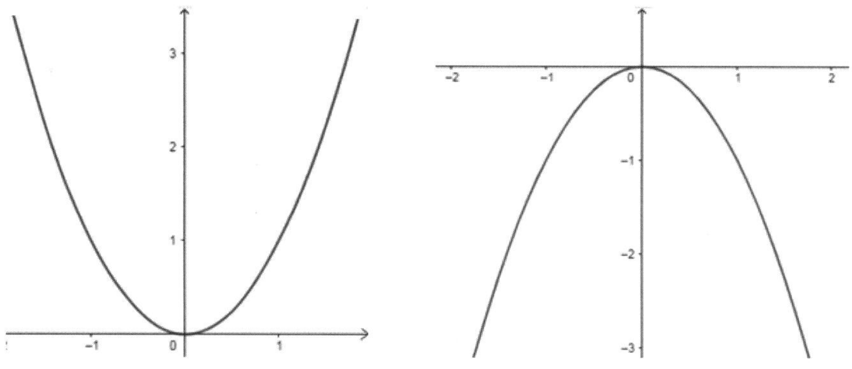

Figura 5.21

Bem como as parábolas $x = y^2$ e *$-x = y^2$.*

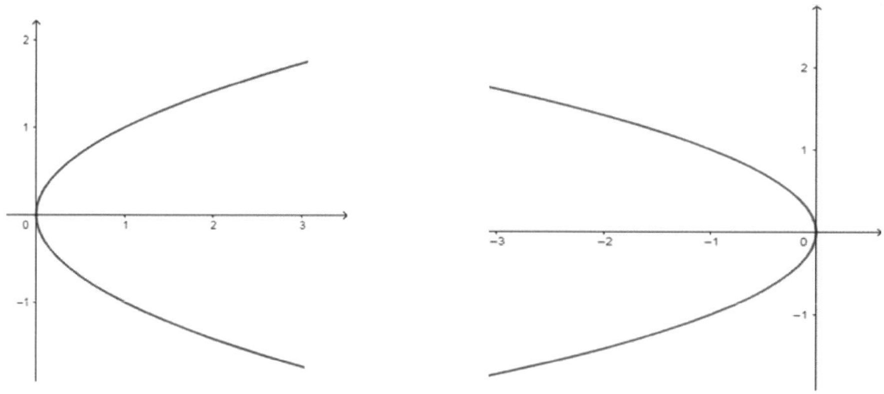

Figura 5.22

Claramente, olhando para as equações (5.11) e (5.13), observamos que o módulo do parâmetro vale $p = \frac{1}{2}$, *sendo possível definir as coordenadas do foco e a equação da reta diretriz.*

Analisando a parábola $y = x^2$, *teríamos foco* $F\left(0, \frac{1}{4}\right)$, *vértice* $(0, 0)$ *e reta diretriz* $r : y = -\frac{1}{4}$, *como mostra a figura*

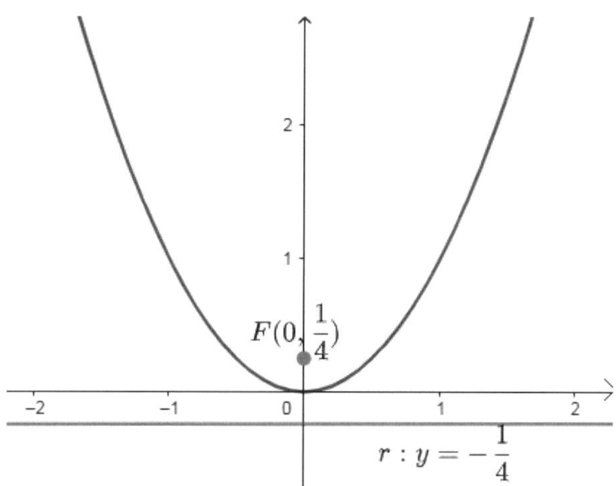

Figura 5.23

Enquanto a parábola $y^2 = -x$ *tem foco* $F\left(-\frac{1}{4}, 0\right)$ *e reta diretriz* $r : x = \frac{1}{4}$.

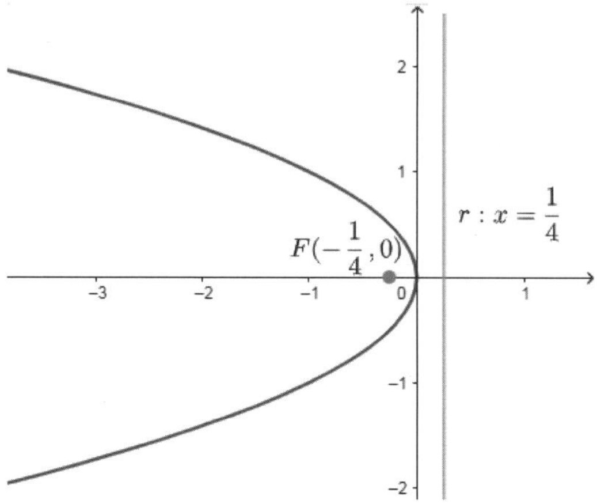

Figura 5.24

- **Como reconhecer, a partir das equações, se o eixo da parábola é paralelo ao eixo coordenado x ou y?**

Observando as equações (5.12) e (5.14), note que o termo que não está elevado ao quadrado indicará o eixo focal da parábola, podendo estar sobre o eixo coordenado ou paralelo a ele. Como no exemplo anterior, a parábola $y = x^2$ tem eixo focal no eixo y.

- **O que deveremos fazer para determinar os focos e a equação da reta diretriz?**

Perceba que o primeiro passo a ser feito, a partir da equação da parábola, é determinar o valor do parâmetro p, pois sabemos que a medida $\frac{p}{2}$ representa a distância do vértice ao foco. Outro ponto a ser observado é para onde estará "apontando" a concavidade da parábola, e isso é dado pelo sinal do valor numérico de p. Outro aspecto a ser observado é se o eixo focal é paralelo ao eixo x ou ao eixo y. A partir dessas informações podemos construir o foco e a reta diretriz.

Por exemplo:

Exemplo 25. Seja a parábola dada por $(x - 3)^2 = 2(y + 2)$. Determine o vértice, o foco e a reta diretriz.

Solução: *De acordo com as equações da parábola já mostradas, o vértice é dado por $V(3,-2)$ e, além disso, como o termo ao quadrado é na variável x, o eixo focal será paralelo ao eixo y. Agora precisamos descobrir o valor numérico do parâmetro p.*

Note que a equação, nessas condições, é dada por

$$(x - x_0)^2 = 2p(y+2),$$

e, comparando com a equação da parábola dada, temos $p = 1$. Assim, como $p > 0$, a parábola terá concavidade voltada para cima e o foco será o ponto $F\left(3, -2 + \dfrac{1}{2}\right) = F\left(3, -\dfrac{3}{2}\right)$, visto que as coordenadas do foco dependem das coordenadas do vértice.

Além disso, também a depender das coordenadas do vértice e do valor do parâmetro, a reta diretriz será paralela ao eixo x e, mais ainda, será dada pela equação $r : y = -2 - \left(\dfrac{1}{2}\right) = -\dfrac{5}{2}$.

Geometricamente,

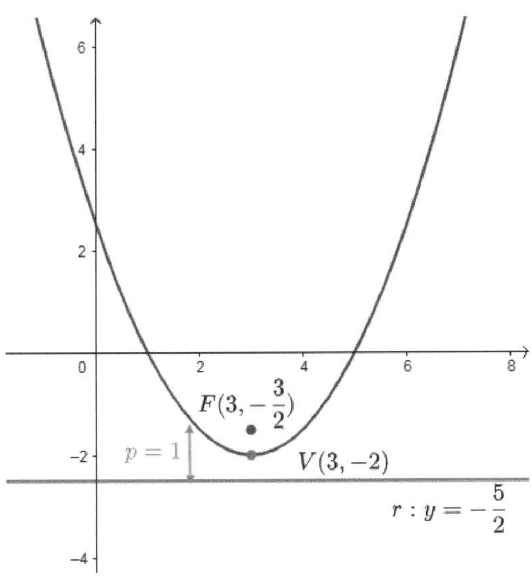

Figura 5.25

- **Como encontrar a equação geral da parábola, dada a equação reduzida?**

Na equação reduzida da parábola aparecem termos ao quadrado, portanto basta desenvolver o quadrado e organizar os termos.

- **E se tivermos a equação geral da parábola e quisermos encontrar a equação reduzida?**

O processo é análogo ao que já foi apresentado para as outras cônicas, isto é, basta aplicar o completamento de quadrados.

Exemplo 26. A equação $x^2 - 6x - 2y + 5 = 0$ representa a parábola apresentada no exemplo anterior.

Solução: *De fato, aplicando o completamento de quadrados, temos* $(x-3)^2-9 = x^2-6x$ *e, assim,*

$$x^2 - 6x - 2y + 5 = 0 \Leftrightarrow (x - 3)^2 - 9 - 2y + 5 = 0,$$

implicando

$$(x - 3)^2 = 2(y + 2).$$

Faremos um exemplo em que o eixo focal da parábola não seja paralelo a um dos eixos coordenados, e perceberemos que a equação geral da parábola será do tipo

$$Ax^2 + Bxy + Cy^2 + Dx + Ey + F = 0,$$

onde A ou B será igual a zero.

Exemplo 27. Determinar a equação da parábola que tem reta diretriz $r : y + x - 1 = 0$ e tem como foco o ponto $F(1, 2)$.

Solução: *Seja* $P(x, y)$ *um ponto pertencente à parábola. Por definição, teremos*

$$d(P, F) = d(P, r).$$

Vale lembrar que, dado um ponto $P(x_0, y_0)$ e uma reta $r : ax + by + c = 0$, a distância $d(P, r)$ será dada por:

$$d(P,r) = \frac{| x_0 + by_0 + c|}{\sqrt{a^2 + b^2}}.$$

Assim, teremos

$$d(P, F) = \sqrt{(x-1)^2 + (y-2)^2},$$

e

$$\frac{| x + y - 1|}{\sqrt{1^2 + 1^2}} = \frac{| x + y - 1|}{\sqrt{2}}.$$

Agora, pela definição da parábola,

$$d(P, F) = \sqrt{(x-1)^2 + (y-2)^2} = \frac{| x + y - 1|}{\sqrt{2}}.$$

Elevando ambos os lados ao quadrado e desenvolvendo os termos, temos:

$$x^2 - 2x + y^2 - 6y - 2xy + 9 = 0.$$

5.5 Exercícios propostos

Exercício 21. Escreva e esboce a circunferência que:

a. Passa pelos pontos $A(1,0)$, $(3,-2)$ e $C(1,-4)$;

b. Um diâmetro é o segmento que une os pontos $A(-1,1)$ e $B(3,3)$.

Exercício 22. Encontre as equações reduzida e geral da elipse de eixo maior paralelo ao eixo x medindo 6, eixo menor medindo 4 e centro $C(3,-1)$.

Exercício 23. Determine a equação reduzida, o vértice, o foco e a reta diretriz da parábola dada pela equação geral $y^2 + 8x + 4y - 20 = 0$.

Exercício 24. A equação $9x^2 - 16y^2 - 18x - 64y - 199 = 0$ representa uma hipérbole. Determine a equação reduzida, encontre os focos, o centro, os vértices, as assíntotas e esboce o traço da hipérbole.

Exercício 25. Identifique, esboce e determine os elementos das cônicas dadas pelas equações abaixo:

a. $16x^2 - 9y^2 - 64x - 18y + 199 = 0$;

b. $25x^2 + 9y^2 - 100x + 18y - 116 = 0$;

c. $y^2 - 9x^2 - 6y = 0$.

Capítulo 6

Quádricas

No capítulo anterior abordamos as cônicas, e aqui estamos interessados em estudar o que acontece com uma cônica em caso de rotação em torno de um determinado eixo. Com isso teremos superfícies, as quais denominaremos de *quádricas*. Toda quádrica será, algebricamente, representada por uma equação do segundo grau nas variáveis x, y e z, e, além disso, as quádricas serão caracterizadas como superfícies de revolução, cilíndricas, esféricas, parabólicas, hiperbólicas ou como cone, a depender da equação que apresentar.

6.1 A equação

Uma quádrica, ou superfície quádrica, é uma superfície formada pelo conjunto de pontos $P(x, y, z) \in \mathbb{R}^3$ que satisfaz a equação do segundo grau, nas variáveis x, y e z, dada por:

$$\boxed{Ax^2 + By^2 + Cz^2 + Dxy + Eyz + Fxz + Gx + Hy + Iz + J = 0} \tag{6.1}$$

Observe que pelo menos um dos termos (coeficientes) A, B, C, D, E ou F deverá ser não nulo.

Nosso objetivo é estudar e classificar as quádricas a partir de interseções com planos[1], em especial com os planos coordenados. Dessa forma esperamos reconhecer os elementos de cada quádrica e visualizá-las no espaço. Para isso, apresentamos alguns exemplos.

Exemplo 28. A equação $x^2 + y^2 + z^2 + 6x - 4y - 12 = 0$ representa uma esfera de centro $C(-3, 2, 0)$.

Solução: *De fato, utilizando o completamento de quadrados para cada variável x, y e z, temos*

$$(x + 3)^2 - 9 + (y - 2)^2 - 4 + z^2 - 12 = 0.$$

Implicando

$$(x + 3)^2 + (y - 2)^2 + z^2 = 25.$$

Assim, faremos interseções com os planos coordenados $\pi_1 : x = 0$, $\pi_1 : y = 0$ e $\pi_3 : z = 0$, buscando reconhecer cônicas a partir da equação encontrada. Em outras palavras, busca-se identificar e classificar a quádrica a partir da rotação de cônicas. Logo, a partir da interseção com o plano $\pi_1 : x = 0$, tem-se

$$(y - 2)^2 + z^2 = 25,$$

que representa uma circunferência, no plano yz, de centro $(2, 0)$ e raio 5, dada pela equação acima. De modo análogo, fazendo a interseção com o plano $\pi_2 : y = 0$, teremos a equação de uma circunferência no plano xz, centrada em $(-3, 0)$ e raio 5, dada pela equação

$$(x + 3)^2 + z^2 = 25.$$

E, por fim, tomando a interseção com o plano coordenado $\pi_3 : z = 0$, também

[1]Vale ressaltar que poderemos ter ou não interseções, então, embora utilizemos a palavra interseção, estaremos analisando a projeção da curva no plano escolhido.

encontramos uma circunferência, no plano xy, de raio 5 *e centro* $(-3, 2)$,

$$(x + 3)^2 + (y - 2)^2 = 25.$$

Marcando cada circunferência encontrada nos planos respectivos e organizando no plano tridimensional $\mathbb{R}^3$, *temos a representação da esfera abaixo.*

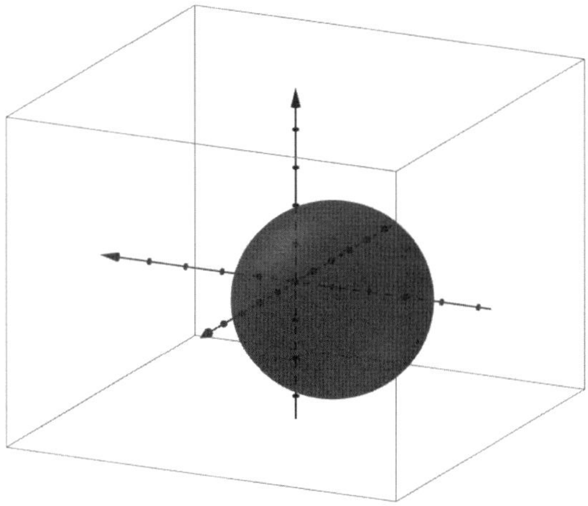

Figura 6.1: Esfera de centro $(-3, 2, 0)$ e raio $r = 5$

Observe que a interseção com os três planos coordenados resultou em uma circunferência, e essa é uma característica de toda superfície esférica.

Vale lembrar que a equação para qualquer **superfície esférica**, de centro $C(x_0, y_0, z_0)$ e raio r, é dada pela equação

$$\boxed{(x - x_0)^2 + (y - y_0)^2 + (z - z_0)^2 = r^2} \tag{6.2}$$

Observe agora o exemplo a seguir.

Exemplo 29. Verifique que a equação $4x^2 + 9y^2 + 9z^2 - 36 = 0$ representa um elipsoide.

Solução: *Analisando a equação e dividindo por* 36, *teremos*

$$\frac{x^2}{9} + \frac{y^2}{4} + \frac{z^2}{4} = 1$$

Agora, tomando a interseção com os planos coordenados $\pi_1 : z = 0$, $\pi_1 : y = 0$ *e* $\pi_3 : x = 0$, *encontraremos duas elipses e uma circunferência nos planos* xy, xz *e* yz, *respectivamente, como mostram as figuras abaixo. Além disso, as cônicas encontradas estão centradas na origem de seus respectivos planos coordenados.*

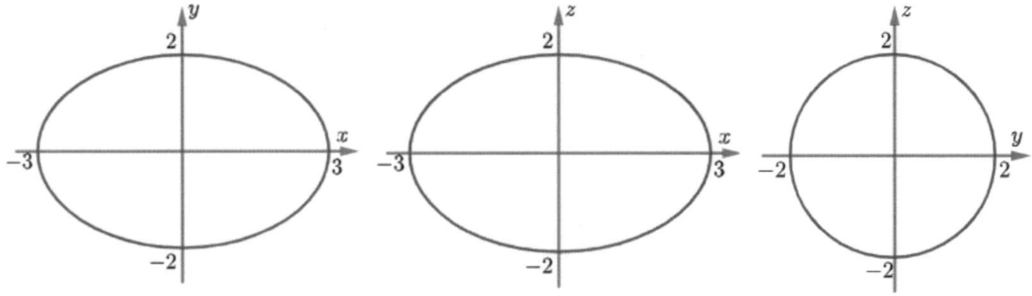

Figura 6.2

Claramente observamos uma circunferência no plano yz *de raio* 2, *uma elipse no plano* xy *de eixo maior sobre o eixo* x *medindo* 6 *e uma outra elipse no plano* xz, *com eixo maior no eixo* x, *também medindo* 6, *e, para que tenhamos o esboço da quádrica, é necessário fazer uma "colagem" de tais cônicas no plano tridimensional. E assim teremos*

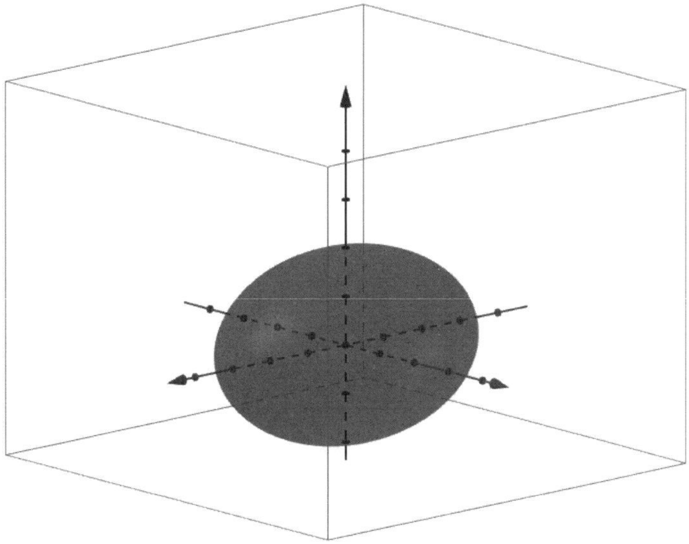

Figura 6.3: Elipsoide centrada na origem

De forma mais geral, podemos representar uma elipsoide qualquer pela equação

$$\boxed{\frac{(x-x_0)^2}{a^2}+\frac{(y-y_0)^2}{b^2}+\frac{(z-z_0)^2}{c^2}=1} \tag{6.3}$$

onde (x_0, y_0, z_0) representa o centro da elipsoide.

É interessante observar que no exemplo anterior obtivemos duas elipses e uma circunferência, e assim poderíamos chamar de *elipsoide circular ou de revolução.* Mas se, mediante a interseção com os planos coordenados, fossem obtidas três elipses, teríamos um *elipsoide elíptico*.

Exemplo 30. A superfície quádrica dada pela equação $3x^2+4y^2+z^2-12x-8y-2z+16=0$ é um exemplo de elipsoide elíptico.

Além disso, se as constantes a, b e c forem iguais, tais que $a=b=c=r$, com $r\in\mathbb{R}$, então teríamos uma esfera. Logo, uma esfera pode ser vista como um caso particular de um elipsoide.

No exemplo seguinte veremos a equação de um *parabolóide*.

Exemplo 31. A quádrica $x^2 + y + z^2 = 0$ é um parabolóide circular.

Solução: *Note que, tomando as interseções com o plano coordenado* $\pi_1 : x = 0$, *encontra-se* $y = -z^2$, *que representa uma parábola (I). Fazendo a interseção da quádrica com o plano coordenado* $\pi_3 : z = 0$ *também teremos uma parábola, dada por* $y = -x^2$ *(II). E agora, tomando a interseção com o plano* $\pi_2 : y = 0$, *teríamos* $x^2 + z^2 = 0$, *que seria um ponto. Sendo assim, é necessário tomar um plano paralelo ao plano coordenado* π_2, *digamos,* $\pi_4 : y = -1$, *o qual nos daria a equação* $x^2 + z^2 = 1$, *que representa uma circunferência de centro* $(0, 0)$ *e raio* 1 *(III).*

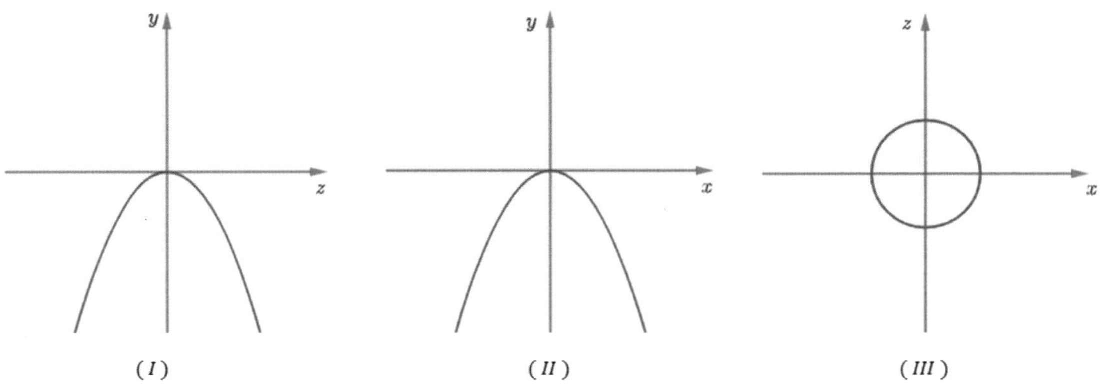

Figura 6.4

Portanto, com as interseções, encontramos duas parábolas e uma circunferência, e a quádrica será denominada de parabolóide circular ou de revolução.

Geometricamente,

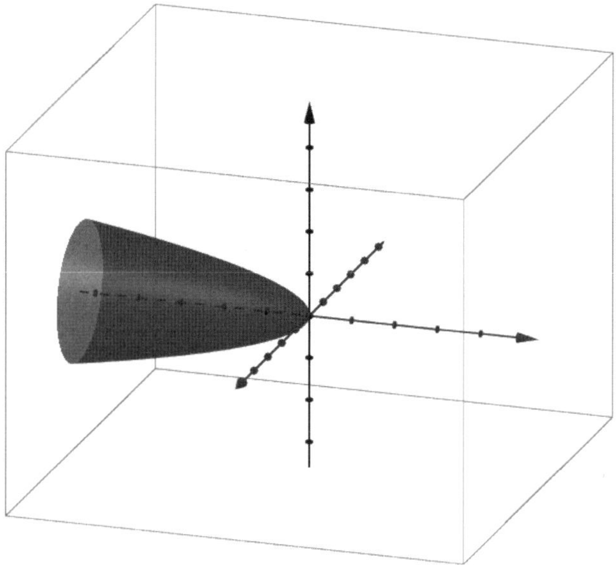

Figura 6.5: Paraboloide de vértice na origem

Observe que no caso de um parabolóide, é necessário que pelo menos duas das três interseções com os planos sejam parábolas. Quando a terceira interseção for uma circunferência ou uma elipse, o parabolóide será representado por uma das três equações abaixo:

$$\pm\frac{(x-x_0)^2}{a^2} \pm \frac{(y-y_0)^2}{b^2} = c(z-z_0), \tag{6.4}$$

$$\pm\frac{(x-x_0)^2}{a^2} \pm \frac{(z-z_0)^2}{c^2} = b(y-y_0), \tag{6.5}$$

$$\pm\frac{(y-y_0)^2}{b^2} \pm \frac{(z-z_0)^2}{c^2} = a(x-x_0), \tag{6.6}$$

onde (x_0, y_0, z_0) são as coordenadas do vértice do parabolóide. Aqui, se a terceira interseção for uma circunferência, o parabolóide será dito parabolóide circular ou de revolução, enquanto, se for uma elipse, será chamado de parabóloide elíptico.

Além disso, é possível que a terceira interseção com um plano seja uma hipérbole, e assim a quádrica será chamada de parabolóide hiperbólico, e sua equação será representada como uma das equações a seguir

$$\pm\frac{(x-x_0)^2}{a^2} \mp \frac{(y-y_0)^2}{b^2} = c(z-z_0), \tag{6.7}$$

$$\pm\frac{(x-x_0)^2}{a^2} \mp \frac{(z-z_0)^2}{c^2} = b(y-y_0), \tag{6.8}$$

$$\pm\frac{(y-y_0)^2}{b^2} \mp \frac{(z-z_0)^2}{c^2} = a(x-x_0). \tag{6.9}$$

Observe que, diferentemente do parabolóide circular ou elíptico, na equação de um parabolóide hiperbólico, os termos quadráticos terão sinais contrários.

Exemplo 32. A superfície dada pela equação $\frac{x^2}{2} - \frac{y^2}{3} = z - 1$ é um exemplo de um parabolóide hiperbólico e será representada pela figura a seguir:

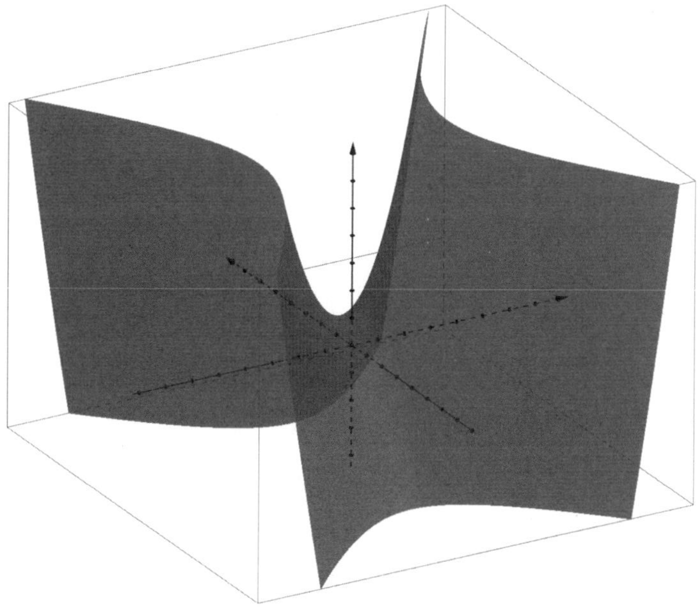

Figura 6.6: Parabolóide hiperbólico (Também conhecido como "sela")

Observe agora o exemplo seguinte.

Exemplo 33. A equação $-\frac{x^2}{9} + \frac{y^2}{4} + \frac{z^2}{4} = 1$ representa um hiperboloide.

Solução: *Observando a interseção da quádrica com o plano coordenado $\pi_1 : x = 0$, temos uma circunferência de raio 2 e centro na origem do plano yz, como mostra a figura abaixo:*

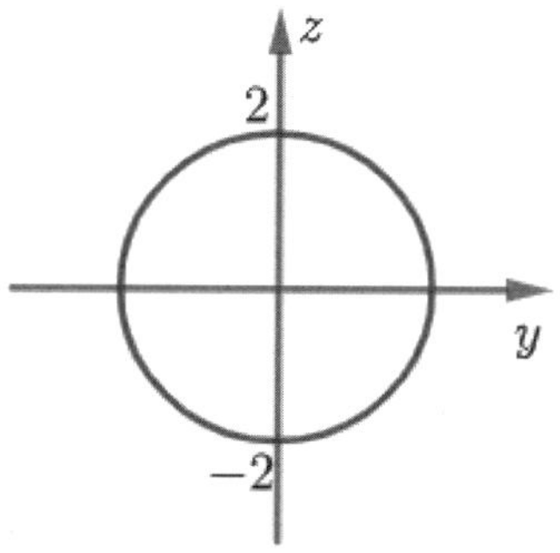

Figura 6.7

Agora, fazendo a interseção com o plano $\pi_1 : y = 0$*, obtemos uma hipérbole no plano* xz*:*

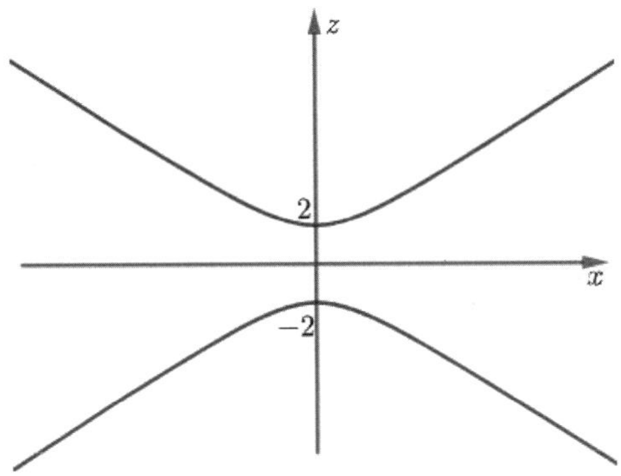

Figura 6.8

e, com o plano $\pi_3 : z = 0$*, também encontraremos uma hipérbole, só que agora no plano* xy*, como mostra a figura.*

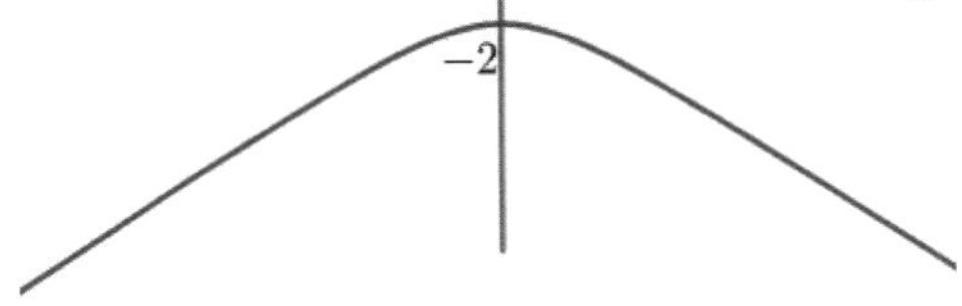

Figura 6.9

A representação da quádrica será dada por

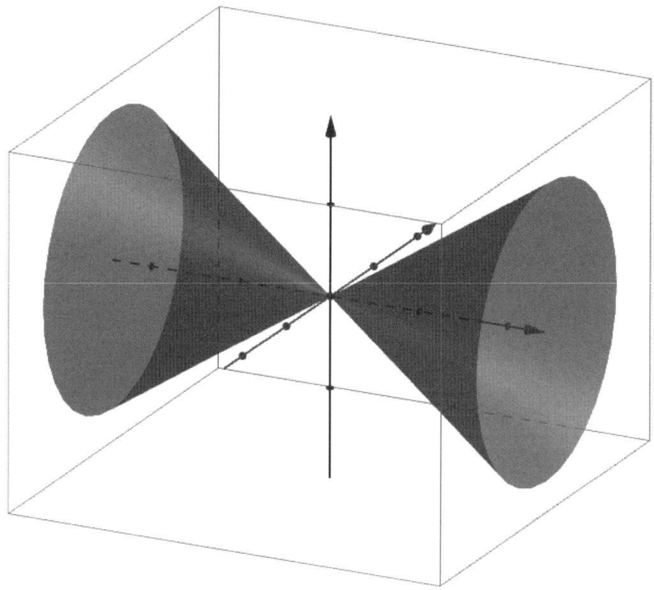

Figura 6.10: Hiperbolóide circular de uma folha

O hiperbolóide acima será chamado de *hiperbolóide circular de uma folha*. Para que fique mais claro o fato de ser considerado de um folha, pode-se imaginar que a superfície pode ser representada geometricamente como um único "objeto", como mostrou a figura. Toda equação de um hiperboloide de uma folha, de vértice (x_0, y_0, z_0), poderá ser escrita como uma das três equações abaixo:

$$\frac{(x-x_0)^2}{a^2}+\frac{(y-y_0)^2}{b^2}-\frac{(z-z_0)^2}{c^2}=1, \tag{6.10}$$

$$\frac{(x-x_0)^2}{a^2}-\frac{(y-y_0)^2}{b^2}+\frac{(z-z_0)^2}{c^2}=1, \tag{6.11}$$

$$-\frac{(x-x_0)^2}{a^2}+\frac{(y-y_0)^2}{b^2}+\frac{(z-z_0)^2}{c^2}=1. \tag{6.12}$$

Enquanto, se a equação da quádrica for dada de uma das formas seguintes, o hiperbolóide será dito *hiperbolóide de duas folhas*.

$$\frac{(x-x_0)^2}{a^2} - \frac{(y-y_0)^2}{b^2} - \frac{(z-z_0)^2}{c^2} = 1, \qquad (6.13)$$

$$-\frac{(x-x_0)^2}{a^2} + \frac{(y-y_0)^2}{b^2} - \frac{(z-z_0)^2}{c^2} = 1, \qquad (6.14)$$

$$-\frac{(x-x_0)^2}{a^2} - \frac{(y-y_0)^2}{b^2} + \frac{(z-z_0)^2}{c^2} = 1. \qquad (6.15)$$

Geometricamente, um hiperbolóide de duas folhas pode ser visto como uma superfície composta por duas partes, como exemplifica a figura abaixo.

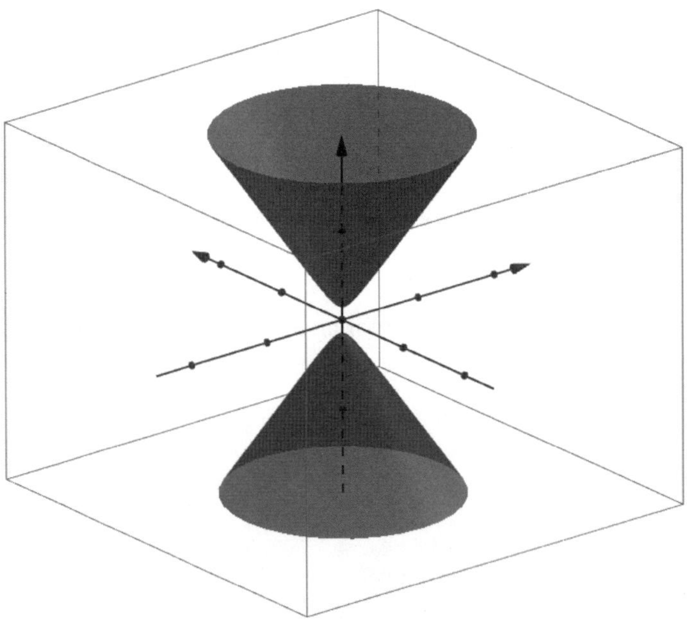

Figura 6.11: Hiperbolóide de duas folhas

Uma quádrica ainda poderá ser denominada uma *superfície cônica*, que é uma superfície gerada pela rotação de duas retas concorrentes, em torno de uma curva e passando por um ponto fixo (x_0, y_0, z_0).

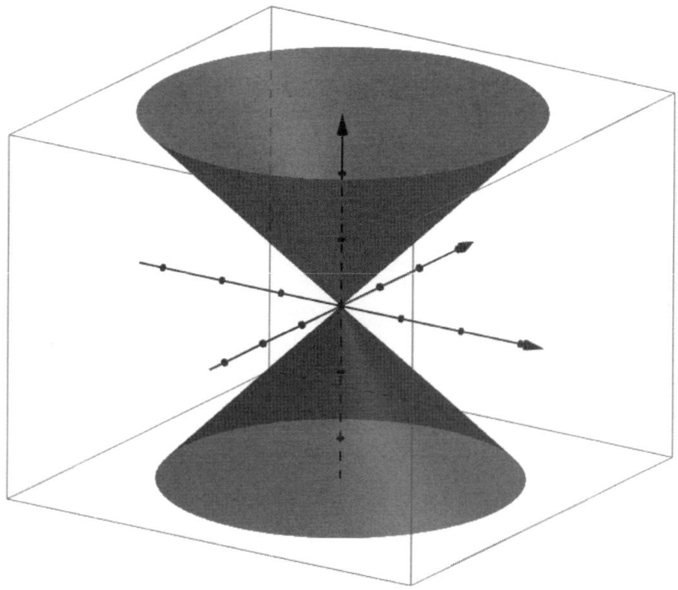

Figura 6.12: Hiperboloide circular de uma folha

A curva será obtida pelo resultado da terceira interseção com o plano coordenado, podendo ser uma circunferência ou uma elipse. A equação de uma superfície cônica será dada como:

$$\frac{(x-x_0)^2}{a^2}+\frac{(y-y_0)^2}{b^2}-\frac{(z-z_0)^2}{c^2}=0, \tag{6.16}$$

$$\frac{(x-x_0)^2}{a^2}-\frac{(y-y_0)^2}{b^2}+\frac{(z-z_0)^2}{c^2}=0, \tag{6.17}$$

$$-\frac{(x-x_0)^2}{a^2}+\frac{(y-y_0)^2}{b^2}+\frac{(z-z_0)^2}{c^2}=0. \tag{6.18}$$

Para mais detalhes sobre as quádricas consulte [3] e [5].

Referências

[1] BOULOS, Paulo; CAMARGO, Ivan. *Geometria analítica: Um tratamento vetorial*, 3. ed. Pearson, 2004

[2] DELGADO, Jorge; FRENSEL, Katia. *Geometria analítica*. Núcleo de educação a distância (NEAD), UFMA, 2011

[3] REIS, Genésio L.; SILVA, Valdir V. *Geometria analítica*. 2. ed. LTC Ltda., 1996

[4] SOUZA, Sérgio A. *Cálculo vetorial e geometria analítica*. Licenciatura em Matemática a Distância.

[5] WINTERLE, Paulo. *Vetores e geometria analítica*. 2. ed. Pearson, 2014.

GRÁFICA PAYM
Tel. [11] 4392-3344
paym@graficapaym.com.br